U0270446

普通高等学校省级规划教材
卓越工程师教育培养计划土木类系列教材

建筑结构CAD 及工程应用

主　编　叶献国　种　迅
副主编　蒋　庆　王德才　张晓飞

合肥工业大学出版社

内 容 提 要

为适应近年来土木工程专业计算机辅助设计(CAD)课程教学改革和国内建筑结构计算机辅助设计应用软件的升级和变化的实际情况,结合目前国内设计部门主流建筑结构 CAD 软件使用情况,并考虑到未来土木工程 CAD 的发展方向,编写了本书。本书由五章组成,内容包括:AutoCAD 及其在土木工程设计中的应用;PKPM 系列软件的应用与实例;YJK 软件的应用与实例;Midas Building 软件的应用与实例;BIM 理论简介与应用。

本书侧重于介绍不同 CAD 软件的实际应用,旨在通过课程学习和软件的实际操作练习,使学生迅速掌握目前国内设计部门常用专业软件的使用方法和基本操作技巧,并通过相关课程设计和毕业设计的实际应用,为今后从事结构设计或相关工程技术工作打下良好基础。本书是编者多年来的教学和工程设计经验总结,通俗易懂,方便自学,也可供土木工程专业领域的工程技术人员参考使用。

图书在版编目(CIP)数据

建筑结构 CAD 及工程应用/叶献国,种迅主编 . —合肥:合肥工业大学出版社,2015.7

卓越工程师教育培养计划土木类系列教材

ISBN 978 - 7 - 5650 - 1892 - 3

Ⅰ.①建…　Ⅱ.①叶…②种…　Ⅲ.①建筑结构—计算机辅助设计—AutoCAD 软件—高等学校—教材　Ⅳ.①TU311.41

中国版本图书馆 CIP 数据核字(2015)第 169015 号

建筑结构 CAD 及工程应用

主编　叶献国　种　迅　　　　责任编辑　陆向军　魏亮瑜

出　版	合肥工业大学出版社	版　次	2015 年 7 月第 1 版
地　址	合肥市屯溪路 193 号	印　次	2015 年 7 月第 1 次印刷
邮　编	230009	开　本	787 毫米×1092 毫米　1/16
电　话	综合编辑部:0551 - 62903028	印　张	12.5
	市场营销部:0551 - 62903198	字　数	301 千字
网　址	www.hfutpress.com.cn	印　刷	合肥星光印务有限责任公司
E-mail	hfutpress@163.com	发　行	全国新华书店

ISBN 978 - 7 - 5650 - 1892 - 3　　　　　　　　　定价:25.00 元

如果有影响阅读的印装质量问题,请与出版社市场营销部联系调换。

前　　言

近二十年来,计算机硬件技术的飞速发展为 CAD 技术的创新提供了强大的实现手段。CAD 技术由最初的辅助绘图和简单计算,已逐步向集成化、协同化和智能化的方向发展。土木建筑行业是较早应用 CAD 技术的行业之一,经过多年的发展,我国已有多种较为成熟的商品化应用软件在设计部门中得到广泛应用。目前,CAD 的应用基本上覆盖了勘察设计的全过程,建筑结构 CAD 软件的应用也由最初的单纯数值计算扩展为建模、设计、分析、优化和施工图绘制等流程一体化。集成化和协同化必然是 CAD 软件发展的方向,建筑信息模型(BIM)技术的应用是对 CAD 技术的重大扩展,可以运用在建筑的全寿命周期中,实现建筑全生命周期管理,提高建筑行业规划、设计、施工和运维的科学技术水平,促进工程界全面信息化和现代化,近年来在建筑工程领域得到了快速发展。

建筑结构计算机辅助设计应用软件更新较快并且功能也日益强大,国内高校土木工程及相近专业的建筑结构计算机辅助设计(CAD)课程也相应进行了教学改革。为了适应形势的变化和课程教学对教材的新需要,在合肥工业大学出版社有关领导和编辑的精心组织下,从国内外众多优秀建筑结构 CAD 软件中选择具有一定代表性的软件进行使用方法和设计实例介绍,旨在让学生通过课程学习和软件实际操作可以快速地掌握软件的使用方法和基本操作技巧。本书共五章,第一章为 AutoCAD 及其在土木工程设计中的应用,由蒋庆和叶献国编写;第二章为 PKPM 系列软件的应用与实例,由种迅编写;第三章为 YJK 软件的应用与实例,由种迅和叶献国编写;第四章为 Midas Building 软件的应用与实例,由王德才和候晓武编写;第五章为 BIM 理论简介与应用,由张晓飞、尤琪和叶献国编写。研究生张克伟、郑瑞永和王鸿斌等协助完成了部分章节的资料收集和文字校核工作。全书由叶献国和种迅担任主编,蒋庆、王德才和张晓飞担任副主编。

由于我们水平有限,书中错误和不妥之处在所难免,恳请读者批评指正。

本书编写组

2015 年 7 月

目　录

第 1 章 AutoCAD 及其在土木工程设计中的应用

1.1　AutoCAD 概述

AutoCAD(Auto Computer Aided Design)是美国 Autodesk(欧特克)公司首次于 1982 年开发的自动计算机辅助设计软件,用于二维绘图、详细绘制、设计文档和基本三维设计。现已经成为国际上广为流行的绘图工具。Autodesk 公司于 1982 年发布了用于 DOS 操作系统下的 AutoCAD 图形软件包 1.0。20 世纪 90 年代以后,随着 Windows 操作系统的普及,Autodesk 公司也随即开发了 Windows 版 AutoCAD R 12 版本,并且逐年升级,至今已经进行了近 30 次的升级换代,使其功能不断增强、性能日趋完善。AutoCAD 作为一款通用绘图设计软件,具有良好的用户界面,通过交互菜单或命令行方式便可以进行各种操作。它的多文档设计环境,让非计算机专业人员也能很快地学会使用,在不断实践的过程中更好地掌握它的各种应用和开发技巧,从而不断提高工作效率。如今,AutoCAD 已广泛应用于机械、建筑、电子、航天、造船、石油化工、土木工程、冶金、农业、气象、纺织、轻工业等领域。在中国,AutoCAD 已成为工程设计领域中应用最为广泛的计算机辅助设计软件之一。下面将以 AutoCAD 较新版本 AutoCAD 2013 版为平台介绍 AutoCAD 的基本操作。

1.2　AutoCAD 的基本操作

1.2.1　AutoCAD 的基本概念

1. 坐标系

任何组成图形的实体都具有相对空间存在的性质。在 AutoCAD 中,可以通过坐标系来描述这种空间特性。

AutoCAD 采用了三维笛卡儿坐标系。笛卡儿系有三个坐标轴:X、Y 和 Z 轴。根据 X、Y、Z 轴,当输入某点坐标值时,以相对于坐标系原点 $(0,0,0)$ 的距离和方向确定该点。AutoCAD 为了用户操作方便设有通用坐标系(World Coordinate System)和用户坐标系(User Coordinate Systems)。

通用坐标系(WCS)是 AutoCAD 中的基本坐标系。这是一个绝对坐标系,它定义的是一个三维空间,$X-Y$ 平面为屏幕平面,原点为屏幕的左下角,三轴之间由右手准则确定。在图形的绘制期间,通用坐标系的原点和坐标轴的方向都不会改变。在 AutoCAD 启动时,首先进入图形编辑缺省状态通用坐标系。实体在通用坐标系中坐标为绝对坐标,所有实体的数据都以该系统为基础。

AutoCAD 除了采用通用坐标系外,还提供了自定义坐标系,即用户坐标系(UCS)。用户坐标系在通用坐标系内可取任一点设置为原点,其坐标轴方向也可任意转动和移动。用户坐标系也是三维笛卡儿坐标系,X、Y、Z 轴按右手准则定义,坐标为相对坐标。

　　AutoCAD 在通用坐标系和用户坐标系中的坐标输入,既可以采用绝对坐标值和相对坐标值,又可以采用极坐标来绘图。

　　2. 图形界限和范围

　　图形界限是指选定的图形区域,所要绘制的图形将安排于其中。图形界限是采用 LIMITS 命令根据所绘图形的要求确定的。在这个区域中,可以使用 AutoCAD 的一个很重要的绘图辅助工具——栅格。当打开栅格帮助定位时,会出现一个覆盖图形区域的网格状的点阵阵列。实际上,图形界限也就是栅格覆盖的区域。

　　图形范围是指这样的一个矩形区域,它恰好可以将所有图形包含其中。一般来说,图形范围应包含在图形界限中,但实际上有可能图形范围超出图形界限,甚至完全处于图形界限之外。这是由于图形界限设置不当或绘图定位不好造成的。LIMITS 命令下的出界检查选项可以帮助初学者自动规避这种问题。

　　3. 实体和实体特性

　　实体(Entity)是 AutoCAD 图形系统预先定义的图形元素,可以采用系统规定的命令在图中生成指定的实体。采用 AutoCAD 绘图就是在图形中生成大量的实体,并将这些实体组织好,进行编辑处理,完成图形的绘制。点、直线、圆弧是绘图中的常用实体,图形中的文字、属性和标注尺寸也是实体。AutoCAD 中基本实体见表 1-1 所列。

表 1-1　AutoCAD 中的基本实体

点(POINT)	三维多义线(3DPLOYLINE)
直线段(LINE)	块(BLOCK)
圆(CIRCLE)	填充图案(HATCH)
圆弧(ARC)	属性(ATTRIBUTE)
椭圆(ELLIPSE)	标注尺寸(DIMENSION)
区域填充(SOLID)	三维面(3DFACE)
文本(TEXT)	三维矩形网格(3DMESH)
正多边形(POLYGON)	光栅图像(IMAGE)
宽度线(TRACE)	视图窗口(VIEWPORT)
多义线(POLYLINE)	

　　这些实体都有绘制它的命令以及编辑修改它的命令。每个实体除具有形状和大小之外,还具有以下属性:

　　(1)图层(Layer):图层对 AutoCAD 初学者来说是一个较难以接受的概念。在手工绘图中只有一张图纸,因而没有图层可言。在 AutoCAD 中,用户就可以通过 LAYER 命令将一张图形分为若干图层,将不同特性的实体放在不同图层,以便于图形内容的检查、管理。针对不同图层,可以赋予该图层中实体不同的线型和颜色。为了方便绘图,用户可以任意打开或关闭、冻结或解冻以及锁定或解锁某些图层。每个图形由许多图层组成,其中 0 层是 AutoCAD 缺省的唯一图层,不能删除。这些图层相当于一张张透明的图纸,每个图层的空间完全重合,用户每次绘图操作只能在其中某一图层进行。用户可以设置任何图层为当前图层,此时所建的实体特性若随图层变化,将保持与图层设定的线型、颜色、开关等相同变化。由于图层的概念,使用户更方便地将不同特性的实体分类在不同的图层,通过对图层的操作使图形的编辑更加方便。

(2)颜色(Color):实体的另一个特性是颜色,每个实体都有颜色。不同的实体可以有相同的颜色。实体颜色的设置通常由所在层的颜色确定。用户也可以通过 CHANGE 命令来改变某一指定实体的颜色,这时该实体将不会随着所在图层的变化而变化,且不会因位于另外图层中而改变颜色。AutoCAD 实体颜色是由 1 至 255 中数字表示,每个数字代表一种颜色。实体被赋予不同颜色,其作用一方面是为区别不同性质的实体,另一方面在于AutoCAD 通过绘图机输出图形时,绘图机针对不同颜色按设置的笔宽喷绘出图,使绘出的图形线条分明。

(3)线型(Linetype):是由直线、弧、圆、多义线等线条组成的实体所具有的一般特性。这些实体都有一种相应的线型,每一种线型对应一个名字和定义。名字是线型的标识,定义规定了该线型的线段和空位交替的特定序列。实体的线型与颜色特点相似,新生成的实体线型是当前层确定的,并随所在层的线型特性变化而变化。图形中的线型由 LINETYPE 命令从 ∗.lin 线型库中提供的线型进行设置,其相对图形的显示比例由 LTSCALE 命令设置。

(4)实体描述字(Handle):实体描述字又称为实体句柄。它是每个实体的永久性标记,是系统分配给实体的唯一标识号。当新生一个实体时,系统分配给它一个句柄号,并随实体存于图形中。当删去一个实体时,该实体的句柄号也被取消。

4. 图形显示

AutoCAD 向用户提供了多种方式观看绘制过程中的图形或图形以特定的显示比例、观察位置和角度显示在屏幕上的结果。控制图形显示就是控制显示比例、观察位置和角度。其中,最常见的方法是放大和缩小图形显示区中的图形(ZOOM)。平移(PAN)是将图形平移到新位置以便观看,不改变显示比例。有时候图形过大,放大和缩小无法将整个图形呈现在图形窗口中时,我们可以在命令栏中依次输入 Z、A,然后回车,空格,此时 AutoCAD 便会在图形窗口中将图形整体缩小呈现给用户。

图形的缩放和平移都是将屏幕作为"窗口"使用。通过窗口来进行看图,图形本身坐标、大小均不发生变化。

5. 使用块

为了方便绘图操作,AutoCAD 还提供使用块(BLOCK 或 WBLOCK)这种方式进行快捷绘图。图块是由一组实体构成的一个集合。块的使用可将许多对象作为一个部件进行组织和操作。用户被赋予块名后,就可以根据需要使用块,将这组实体插到图形的指定位置。在插入时,可选择定义比例缩放和旋转。等比例插入的块才可以分解,从而方便对其组成的实体对象进行修改。使用块方便类似图形的重复利用。

6. 精确绘图辅助

AutoCAD 提供了一系列辅助工具和手段来帮助用户进行精确绘图。

(1)栅格和捕捉工具

栅格和捕捉是使用定点设备拾取时很重要的辅助工具。GRID 是栅格设置命令。SNAP 是设置捕捉方式的命令。栅格可以用作绘图区内的光标定位基础,打开捕捉模式可以限制光标的移动。用户既可以设置捕捉间距,也可以设置栅格的间距,还可以调整捕捉和栅格的对齐方式,定位更加准确。

（2）正交模式

所谓正交模式,就是在绘制线段时只能绘制平行于 X 轴或 Y 轴的直线段。此 X、Y 轴既可以是通用坐标系,也可以是用户坐标系,取决于当前坐标系。配合适当的用户坐标系,采用 ORTHO 命令设置为正交状态,可以方便绘制正交直线图形。

（3）目标捕捉工具

绘图时用户经常需要精确定位到对象上的某一点,如直线的中点、端点和圆的圆心等。直接在对象上用光标寻找,偏差是难免的。误差累积绘出的图一定难以满足要求。利用 AutoCAD 提供的对象捕捉工具,可以选择对象捕捉方式。其方式有:端点（Endpoint）、中点（Midpoint）、中心点（Center）、节点（Node）、象限点（Quadrant）、交点（Intersection）、插入点（Insert）、垂点（Perpendicular）、切点（Tangent）、最近点（Nearest）、快速（Quick）,这些方式可以复选。

（4）显示坐标并定位点

ID 命令具有两种功能。一方面输入 ID 命令后,用拾取框拾取需要显示坐标的点,则在状态栏中显示该点的坐标值;另一方面在输入 ID 命令后,再输入某点坐标,则十字光标就准确定位于该点。

1.2.2　AutoCAD 的绘图过程

1. 认识 AutoCAD 2013

AutoCAD 2013 版的主窗口如图 1-1 所示。

该窗口包含了以下部件:标题栏、菜单栏、工具栏、图形窗口、文本窗口、命令行区及状态栏。

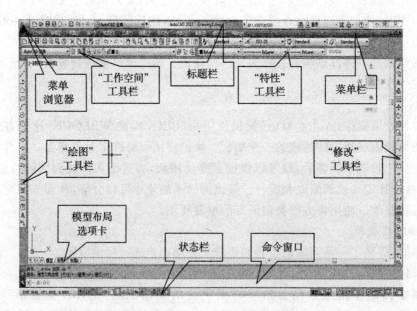

图 1-1　AutoCAD 2013 版的主窗口

（1）标题栏

标题栏位于主窗口顶部，如图 1-1 所示。显示当前所使用 AutoCAD 的版本号以及正在编辑的文件名。

（2）菜单栏

菜单栏是主菜单，可利用其执行 AutoCAD 的大部分命令。单击菜单栏中的某一项，会弹出相应的下拉菜单。

下拉菜单中，右侧有小三角的菜单项，表示它还有子菜单。右侧没有内容的菜单项，单击它后会执行对应的 AutoCAD 命令。

（3）工具栏

AutoCAD 2013 版几乎将所有的命令都制成工具栏上的按钮。这些命令根据不同的特征被分类组成在不同的工具栏中。一般地，AutoCAD 主窗口缺省显示四个工具栏："标注"工具栏、"对象特性"工具栏、"绘图"工具栏和"修改"工具栏。其他工具栏如尺寸工具栏、插入工具栏、实体工具栏、视点工具栏等，用户可以随时激活使用。选择"视图"菜单中的工具栏，即可弹出"工具栏"对话框，进行选择，如图 1-2 所示。

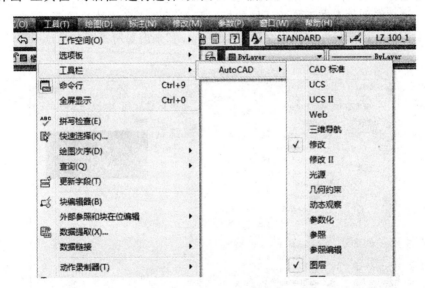

图 1-2　"工具栏"对话框

（4）图形窗口

图形窗口如图 1-1 所示。在缺省状态下，该窗口一直是最大的窗口，其大小也可以调整，所有绘图、图形编辑、显示均在此窗口中进行。图形窗口右边有垂直滑动条，底部有水平滑动条，可用于使图形在屏幕上移动。

（5）文本窗口

该窗口是与图形窗口相对应的一个窗口，用于显示 AutoCAD 所有操作过程中的命令与执行过程的情况。该窗口同样也具有垂直与水平滑动条，可用它查看各阶段的操作情况，查看查询的信息等。通过 F2 键可与图形窗口进行切换。

（6）命令行区

命令行区是固定设置显示行数的文本窗口。通常只定义三行，位于图形窗口下面，用以查看 AutoCAD 当前命令的执行情况,用户也可以调整命令行区的高度以增加命令显示的行数。

(7)状态栏

状态栏位于 AutoCAD 主窗口的底部,其内容包括当前光标位置坐标,辅助绘图功能开关,如"捕捉"、"栅格"、"正交"、"对象捕捉"、"模型"、"平铺"。对这些按钮双击就可以进行状态的切换。当字显黑后,表示状态打开(ON);当字呈灰色,表示状态关闭(OFF)。其中,"模型"按钮用于进行模型空间与图纸空间的切换。

2. 绘图操作过程

在这里,将新建一个以图 1-1 为标准的图形来说明 AutoCAD 绘图的一般步骤。

(1)新建图形

进入 AutoCAD 后,新建一个图形可通过在命令行键入"NEW"命令,或选择"文件"菜单中"新建"命令,或单击"标准"工具栏中"新建"按钮 来实现。

AutoCAD 2013 版提供了一些含有标准设置的样板文件。用户也可以根据本专业工作的特点设置绘图环境,并将该图形存为样板文件,以备后用。这些设置在绘图过程中也可以随时改变。该功能的优点在于绘图环境的标准配置可供选择的种类增多,方便了多专业工作的操作。例如可以选择标准样板文件"acadiso. dwt"来设置所画图形的绘图环境,如图 1-3 所示。

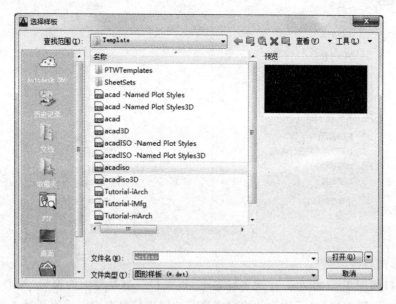

图 1-3　标准样板文件

(2)设置图层与线型

AutoCAD 在缺省状态下图层只有 0 层,线型只有连续线,其他图层和线型需用户自己设置。用户可以通过在命令行中键入"LAYER"命令,或选择"格式"的菜单中图层命令,或单击"对象特性"工具栏中"图层特性"按钮 三种方式来进行图层的设置与管理。单击 弹出"图层特性管理器"对话框,如图 1-4 所示。单击"新建"可以分别创建 TB(桌子)、CH(椅子)、TEXT(文字)、DIM(标注)四个图层。图层创建后,就可以定义选定层的颜色、线型等特性。单击"颜色"按钮弹出"选择颜色"对话框,任选其中一种颜色来确定所选图层的颜色特性。同样,单击"线型"按钮,弹出"选择线型"对话框。对话框中显示线型的名称、外观、说明。这些线型已经加载到图形中以备选用,如图 1-5 所示。从中可以选择一种线型来确定所选图层的线型特性。

图 1-4　"图层特性管理器"对话框　　　图 1-5　"选择线型"对话框

当图形中所含的线型种类不满足要求时,还需要将所需的线型加载到图形中。单击"对象特性"工具栏中"图层"按钮,弹出"图层特性管理器"对话框,单击"线型",单击"加载",弹出"加载或重载线型"对话框,从可用线型中选取所需线型。线型样式的源文件在 ACAD.LIN 文件中。用户可以编辑此文件来创建新的线型。除了上述方法外,还可以在命令行中键入 LINETYPE 命令或"格式"菜单中的"线型"命令来完成线型加载。

(3)确定点

① 绝对坐标

a. 直角坐标

直角坐标用点的 X、Y、Z 坐标值表示该点,并且各坐标值之间要用逗号隔开。

b. 极坐标

极坐标用于表示二维点,其表示方法为:距离<角度。

c. 球坐标

球坐标用于确定三维空间的点,用三个参数表示一个点,即点与坐标系原点的距离 L;坐标系原点与空间点的连线在 XY 面上的投影与 X 轴正方向的夹角 α(简称在 XY 面内与 X 轴的夹角);坐标系原点与空间点的连线同 XY 面的夹角 β(简称与 XY 面的夹角),各参数之间用符号"<"隔开,即"$L<\alpha<\beta$"。例如,100<45<35 表示一个点的球坐标,各参数的含义如图 1-6 所示。

d. 柱坐标

柱坐标也是通过三个参数描述一点:即该点在 XY 面上的投影与当前坐标系原点的距离 ρ;坐标系原点与该点的连线在 XY 面上的投影同 X 轴正方向的夹角 α;该点的 Z 坐标值 z。距离与角度之间要用符号"<"隔开,而角度与 Z 坐标值之间要用逗号隔开,即"$\rho<\alpha$, z"。例如,100<45,85 表示一个点的柱坐标,各参数的含义如图 1-7 所示。

② 相对坐标

相对坐标是指相对于前一坐标点的坐标。相对坐标也有直角坐标、极坐标、球坐标和柱坐标四种形式,其输入格式与绝对坐标相同,但要在输入的坐标前加前缀"@"。

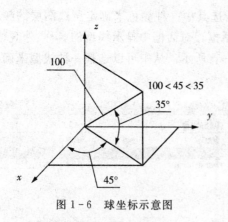

图1-6 球坐标示意图

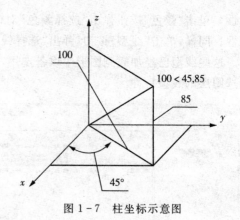

图1-7 柱坐标示意图

(4)图形绘制

绘制一整套桌椅,并有文字说明、尺寸标注。该图的绘制可以由以下基本步骤实现。在进入新图形并且设置好图层与线型后,用鼠标在"对象特性"工具栏中设置TB(桌子)为当前图层。点击"绘制"菜单,单击"矩形"命令,在图形窗口内适当位置点取第一点,再从命令行中通过键盘输入相对坐标@2000,900,屏幕上生成一个长2000、宽900的矩形。重复此操作命令,光标第一点拾取前次所画矩形的右上角点,采用对象捕捉中交点捕捉可以精确定位,再通过键盘输入第二点相对坐标@-900,-200。至此绘出了桌子的形状,如图1-8所示。再设置CH(椅子)图层为当前图层,同样采取"矩形"命令,第一点选取桌子下适当位置,第二点输入相对坐标值@500,500,画出了边长500的矩形。再点取"绘图"菜单中"圆弧"命令拾取该矩形下边的左右端点作起止点,以垂直向下为方向,绘出半圆弧。然后键入TRIM命令,选择边长500的矩形,确认后,点取其下边即可将此边剪掉。由此完成了椅子的绘制。

完成椅子绘制以后,再设定TEXT图层为当前图层。使用TEXT命令,确定输入文字的位置字高、旋转角度,键入"赵"和"381"文字。到此就完成了一套桌椅的绘制,如图1-9所示。除文字不一样,其他三套桌椅的形状与尺寸和第一套均一样,可以由复制(COPY)、阵列(ARRAY)或定义块来实现。

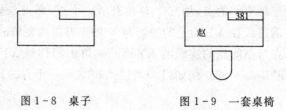

图1-8 桌子　　　　　图1-9 一套桌椅

现在将已绘好的图形定义为块B-1。在命令行键入BLOCK命令或在绘图菜单选择"块"、"创建"或单击"绘制"工具栏中"定义图块"按钮,弹出"块定义"对话框,在块名项中填入B-1。用鼠标选取已绘图形,选择插入基点后即可生成块B-1。原图随之消失,再键入OOPS命令后原图恢复,而块则隐于图形内。

再单击绘图中的"插入块"按钮,或选择"插入"菜单中的块命令,弹出"插入"对话框。单击图块按钮,就可以看到已定义的块名B-1。选择B-1,单击"确定",选择适当位置确定插入点,并输入X、Y轴比例因子(默认为1),旋转角(默认为0),若取默认值则回车即可,如图

1-10 所示。

　　如此重复两次,就完成了所有桌子椅子的绘制。但现在四张桌了上文字完全一样,如图 1-11 所示,因而文字需要修改。由于在块中的文字不可编辑,采取 EXPLODE 命令或"修改"菜单中的"分解"命令将三个块分解。再由命令行键入"DDEDIT"文字编辑命令,弹出"文字编辑"对话框,重新输入人名和号码。

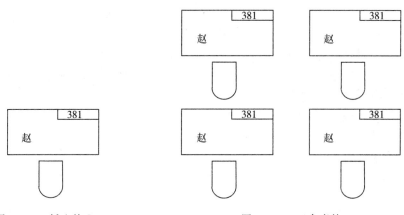

　图 1-10　插入块 B-1　　　　　　　　　　图 1-11　四套桌椅

　　最后来实现尺寸标注。单击"标注"菜单中"线性"命令或在命令行中键入"DIM"命令,使用对象捕捉的交点捕捉。在 DIM 命令执行中键入 HOR(水平标注)或 VER(垂直标注)进行标注,用光标选取要标注的桌子角点,确定标准文字适当的位置,回车后就可以确定尺寸标注,如图 1-12 所示。至此,完成了一个图形的绘制。在这个绘图过程中(图 1-11 和图 1-12),使用了图形显示控制命令 ZOOM 来观看全图。

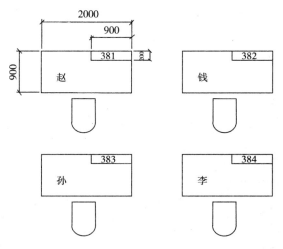

图 1-12　桌椅平面布置图

　　(5)图形文件的管理

　　图形文件的管理主要是文件的保存和图形输出。

　　文件保存可以单击标准工具栏"保存"按钮 🖫,或"文件"菜单中"保存",或键入"SAVE"等,出现"保存"对话框,然后输入图名、指定存图路径即可。图形文件的保存应随时进行,以防停电、死机等不测。

　　图形输出是计算机辅助绘图的最后一步。利用绘图机和打印机将工作成果打印在图纸上，键入 PLOT 命令，或选择"文件"菜单中的"打印"命令，或单击"标准"工具栏上"打印"按钮，就会弹出"打印"对话框。在对话框中选择打印设备，定义笔宽与笔型、打印范围、图纸大小、输出方向、打印比例，再进行打印预览，合适后单击"确定"，就可以实现图形在图纸上绘制。

　　前述是 AutoCAD 绘图的基本过程。用户还可以通过其他绘图技巧来实现，但绘图的方法与所述主要过程相同。

1.2.3　AutoCAD 基本命令分类

　　AutoCAD 命令很多，常用命令简要分类如下：

　　1. 绘图命令

　　LINE——绘直线

　　DLINE——绘双线

　　POINT——绘点

　　CIRCLE——绘圆

　　ELLIPSE——绘椭圆

　　ARC——绘弧

　　RECTANG——绘矩形

　　PLINE——绘多义线

　　BPOLY——多义线封闭曲线边界

　　POLYGON——绘多边形

　　DONUT——填充圆或圆环

　　SOLID——填充区域

　　TRACE——绘宽度线

　　TEXT——写文字

　　DTEXT——动态写文字

　　DIM——标注尺寸命令

　　2. 编辑命令

　　ERASE——删除图形

　　OOPS——恢复被删除图形

　　COPY——图形复制

　　MOVE——图形移动

　　ROTATE——图形旋转

　　SCALE——图形放缩

　　MIRROR——图形镜像

　　STRETCH——图形拉伸

　　ARRAY——图形阵列

　　FILLET——圆角

CHAMFER——倒角

TRIM——图形裁切

BREAK——图形切断

EXTEND——延伸线

EXPLODE——分解块

OFFSET——同心平行复制

MEASURE——测量实体长度

DIVIDE——等分实体

U(UNDO)——取消命令

CHANGE——修改实体特性

PEDIT——多义线编辑

3. 绘图环境设置命令

LIMITS——图形界限选项

GRID——显示栅格

SNAP——捕捉栅格

UNITS——绘图单位设置

LTSCALE——线型比例设置

OSNAP——设置目标捕捉方式

ORTHO——正交状态设置

AXIS——坐标刻度设置

FILL——填充状态设置

DRAGMODE——动态牵引状态设置

QTEXT——快建文字显示方式

STATUS——显示作图的各种状态和参数

APERTURE——捕捉方框大小设置

BLIPMODE——十字标状态设置

TIME——计时

SAVETIME——自动存盘时间

ISOPLANE——设轴测图状态

4. 图形显示命令

ZOOM——图形缩放命令

PAN——图形平放显示

DSVIEWER——鸟瞰视图

REDRAW——重画

REGEN——重生成

5. 层与线型

LAYER——定义层

LINETYPE——定义线型

COLOR——定义颜色

6. 块与属性

BLOCK——定义块

WBLOCK——定义存盘之块

INSERT——块插入

MINSERT——矩阵式块插入

ATTDEF——定义属性

ATTDISP——属性显示控制

ATTEDIT——属性编辑

ATTEXT——属性输出

7. 辅助绘图命令

DIST——测量距离

ID——定点坐标及点定位

LIST——列出指定实体信息

CACULATOR——计算器

AREA——测量封闭区域面积

PURGE——清除图中无用信息

SH——在 AutoCAD 内使用 DOS 命令

HELP——帮助

8. 图形命令

DXFOUT——输出 DXF 文件

DXFIN——由 DXF 文件输入

DXBIN——由 DXB 文件输入

IGSOUT——由 IGES 格式输出

IGSIN——由 IGES 格式输入

IMAGE——光栅文件输入

9. 系统管理命令

OPEN——打开文件

SAVE——存盘

SAVES——另存

FILES——文件管理

CONFIG——系统配置

PLOT——图形输出

QUIT——退出

MENU——加载菜单文件

SCRIPT——执行命令文件

RESUME——恢复执行命令文件

RSCRIPT——重复执行命令文件

这些 AutoCAD 常用命令在命令行中键入即可执行。为了使一些常用的命令在输入时更加简捷,AutoCAD 还提供了一种使命令简化的方式。例如,在 ACAD.PGP 中设置格式为 C, * COPY,则在命令行中键入 C 即可执行 COPY 命令。用户可以在 ACAD. PGP 按此格式编辑自己的一套简化命令。下面提供一些以供参考。

```
;Command alias format：
;<Alias>, * <Full command name>           L,    * LINE
A,    * ARC                                LA,   * LAYER
AR,   * ARRAY                              LI,   * LIST
B,    * BREAK                              M,    * MOVE
BL,   * BLOCK                              MI,   * MIRROR
Ci,   * CIRCLE                             OP,   * OPEN
CH,   * DDCHPROP                           O,    * OFFSET
Cm,   * CHAMFER                            P,    * PAN
C,    * COPY                               PL,   * PLINE
D,    * DIM                                RE,   * REGEN
DD,   * DDedit                             RO,   * ROTATE
DA,   * DDMODIFY                           S,    * STRETCH
Di,   * DIST                               SC,   * SCALE
E,    * ERASE                              T,    * TRIM
Ep,   * EXPLODE                            Te,   * TEXT
EX,   * EXTEND                             wB,   * WBlock
F,    * FILLET                             Dt,   * DTEXT
I,    * INSERT                             Z,    * ZOOM
```

1. 2. 4　AutoCAD 的功能定义键

AutoCAD 2013 版虽然实现了全面的用户集成界面,所需命令都可以从界面上找到,但由于采用鼠标操作,有时效率不如键盘输入,故提供部分功能热键见表 1 - 2 所列。

表 1 - 2　部分功能热键

F1——求助	F2——文本窗口与图形窗口切换
F3——捕捉方式开关	F4——数字化仪开关
F5——等轴测模式开关	F6——动态显示光标坐标开关
F7——网点开关	F8——正交模式开关
F9——网点捕捉开关	F10——状态栏显示开关
Ctrl＋N——新建文件	Ctrl＋O——打开文件
Ctrl＋S——存盘	Ctrl＋C——从图形窗口到剪切板复制
Ctrl＋X——从图形窗口到剪切板剪切	Ctrl＋V——从图形窗口到剪切板粘贴
Ctrl＋Y——重做	Ctrl＋Z——放弃
Ctrl＋P——打印	Del——清除
ESC——取消正在执行的命令	

1.3　AutoCAD 使用技巧

做到快速绘图,首先要熟悉 AutoCAD 的工作界面环境和各种命令。在绘图前,先构图,对图的各种要素绘制方法、先后顺序规划好,做到胸有成竹。

1.3.1　AutoCAD 设置

计算机绘图跟手工画图一样,也要做些必要的准备,将重复性的设置工作预先做好。

1. 绘图环境设置

设置绘图环境,打开"工具"菜单,选择"选项"命令来定制 AutoCAD,以使其符合自己的要求。弹出的"选项"对话框如图 1-13 所示。

(1)"文件"选项卡

"文件"选项卡用于指定 AutoCAD 搜索支持文件、驱动程序、菜单文件和其他文件的文件夹。选择要修改的路径后,单击"浏览"按钮,然后在"浏览文件夹"对话框中选择所需的路径或文件,单击"确定"按钮。选择要修改的路径,单击"添加"按钮就可以为该项目增加备用的搜索路径。例如,专用的字库所在的目录 D:\hz,如图 1-13 所示。

(2)"显示"选项卡

"显示"选项卡用于设置是否显示 AutoCAD 屏幕菜单,是否显示滚动条,是否在启动时最小化 AutoCAD 窗口,AutoCAD 图形窗口和文本窗口的颜色和字体等,如图 1-14 所示。

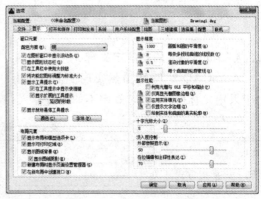

图 1-13　"文件"选项卡　　　　　　　　　　图 1-14　"显示"选项卡

单击"颜色"按钮,在对话框上部的图例中单击要修改颜色的元素,在"窗口元素"框中将显示该元素的名称,"颜色"框中将显示该元素的当前颜色。

单击"字体"按钮将显示"命令行窗口字体"对话框,可以在其中设置命令行文字的字体、字号和样式。

(3)"打开和保存"选项卡

"打开和保存"选项卡用于控制打开和保存相关的设置。对文件的存储类型、安全性、新技术的应用作了重大的改进,如图 1-15 所示。在使用 AutoCAD 画图时,一旦出现断电的现象,如果没有及时地保存很容易让图纸丢失。为了避免由于电脑断电后关机造成的图纸丢失,用户可以在"打开和保存"选项卡中设置 AutoCAD 自动保存及保存时间。

（4）"打印"选项卡

"打印"选项卡用于控制打印输入的选项。可以从"新图形的缺省打印设置"中选择一个设置作为打印图形时的缺省设备，如图 1－16 所示。

图 1－15　"打开和保存"选项卡

图 1－16　"打印"选项卡

（5）"系统"选项卡

"系统"选项卡用来控制 AutoCAD 的系统设置，如图 1－17 所示。

（6）"用户系统配置"选项卡

"用户系统配置"选项卡用于设置优化 AutoCAD 工作方式的一些选项。通常，使用 AutoCAD 绘图时，鼠标右键、回车键（包括小键盘的回车键）和空格键的功能都一样，即确认某一命令，这与 Windows 取消功能不一致，可以设置右键为"确认命令"功能，只需取消"绘图区域中使用快捷菜单"命令即可，如图 1－18 所示。

图 1－17　"系统"选项卡

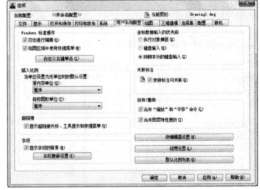

图 1－18　"用户系统配置"选项卡

（7）"草图"选项卡

"草图"选项卡中包含了多个设置 AutoCAD 辅助绘图工具的选项。"AutoTrack 设置"控制自动追踪的相关设置。它有"显示极轴追踪矢量"、"显示全屏追踪矢量"、"显示自动追踪工具栏提示"三个选项。

（8）"选择"集选项卡

"选择"选项卡可控制 AutoCAD 选择工具和对象的方法。用户可以控制 AutoCAD 拾取框的大小、指定选择对象的方法和设置夹点。

(9)"配置"选项卡

"配置"选项卡用来创建绘图环境配置,还可以将配置保存到独立的文本文件中。如果用户的工作环境经常需要变化,可以依次设置不同的系统环境,然后将其建立成不同的配置文件,以便随时恢复,避免经常重复设置的麻烦。

2. 绘图单位设置

启动 AutoCAD 2013,此时将自动创建一个新文件。打开"格式"菜单,选择"单位"命令,系统将打开"图形单位"对话框。可通过"长度"组合框中的"类型"下拉列表选择单位格式,其中,选择"工程"和"建筑"的单位将采用英制。单击"精度"下拉列表,可选择绘图精度。在"角度"组合框的"类型"下拉列表中可以选择角度的单位。可供选择的角度单位有:"十进制度数"、"度/分/秒"、"弧度"等。同样,单击"精度"下拉列表可选择角度精度。"顺时针"复选框可以确定是否以顺时针方式测量角度,如图 1 – 19 所示。

3. 图层设置

预先设置一些基本图层,定义每个图层的专门用途。通过图层操作,可以将一份图形文件组合出许多需要的图纸,也可以对某个图层进行编辑修改。

4. 命令快捷键设置

绘制图纸时,经常用到的命令并不多。对于经常用到的命令最好使用快捷键,如命令的快捷键和常用开关键,从而提高绘制图形的速度。快捷键见 1.2.3 节。

5. 文字样式设置

点击"格式"—"文字样式",出现设置对话框,点击对话框"新建",为字体取名。在 SHX字体栏中选中需要的字体(如"romanc. shx"),勾选下方"使用大字体",在右边"大字体"栏选中"china. shx",高度设置为 250 或者 300,把"宽度比例"改为"0.7",点击"应用"即可完成设置,如图 1 – 20 所示。

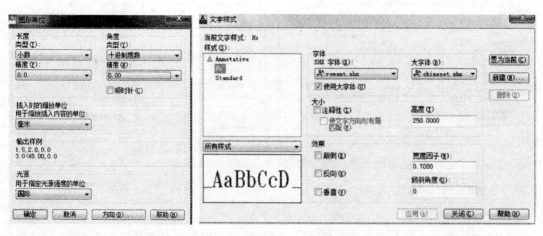

图 1 – 19　"图形单位"对话框　　　　　　图 1 – 20　"文字样式"对话框

6. 自动保存设置

AutoCAD 提供自动存盘功能。在命令行中键入"SAVETIME"命令,输入自动存盘时间,默认值为 120 分钟。设置较短的自动存盘时间将会为用户挽回一些损失。自动存盘文件是文件名.sv＄,将它改名为 DWG 文件就是用户最后一次自动存盘时的工作内容。

在命令行键入"SAVETIME"命令,回车,命令行提示 SAVETIME 的新值＜120＞:"。键入"15",回车,便把自动存盘时间由 120 分钟改为 15 分钟。注意:时间太短、频繁地存盘会影响绘图工作,而时间太长则达不到应有的效果,故用户应根据实际情况加以把握。当灾难来临后,在临时目录(Win7 系统为 C:\Users\"用户名"\AppData\Local\Temp 文件夹内)下找出文件建立时间最新、名为".sv＄"的文件,文件后缀"sv＄"改为"dwg"。用 AutoCAD 打开此文件,可以发现没有存盘的工作找回来了。

1.3.2　AutoCAD 画图技巧

1. 对象选择

绘制图纸时,需要对各种图像实体进行操作,采用快捷的对象选择方法可以达到事半功倍的效果。常用的对象选择方法有六种。

(1)点选:在编辑时,命令行提示"选择对象:",鼠标光标变成一个小方框(即拾取框),将该方框移到需要编辑的对象上,单击鼠标左键,即可选中操作。若有多个对象,可以逐个拾取。该方法每次只能选取一个对象,在选取大量对象时,比较麻烦。

(2)窗口选择:输入"W"后回车,选择矩形(由两点定义)中的所有对象。从左到右指定角点创建窗口选择;从右到左指定角点,则创建窗交选择。

(3)窗交选择:输入"C"后回车,选择区域(由两点确定)内部或与之相交的所有对象。窗交显示的方框为虚线或高亮度方框,这与窗口选择框不同。从左到右指定角点创建窗交选择;从右到左指定角点则创建窗口选择。

(4)多边形窗口选择:它类似于窗口选择,输入"WP"后回车,选择多边形(通过待选对象周围的点定义)中的所有对象。该多边形可以为任意形状,但不能与自身相交或相切。AutoCAD 会绘制多边形的最后一条边,所以该多边形在任何时候都是闭合的。

(5)多边形窗交选择:它类似于窗交选择,输入"CP"后回车,选择多边形(通过在待选对象周围指定点来定义)内部或与之相交的所有对象。该多边形可以为任意形状,但不能与自身相交或相切。AutoCAD 会绘制多边形的最后一条边,所以该多边形在任何时候都是闭合的。

(6)栏选:在选择对象时,输入"F"后回车,选择与选择栏相交的所有对象。栏选方法与多边形窗交方法相似,只是 AutoCAD 中选择栏的最后一个矢量不闭合,并且选择栏可以与自己相交。

2. AutoCAD 为制图人员提供便捷和精确的绘图工具

初学者经常为如何精确绘图伤透脑筋,AutoCAD 提供的捕捉功能就可以解决此问题。绘图时,先按住"Ctrl"键再点击鼠标右键,会在屏幕上出现快捷菜单,就可以用鼠标左键选择所要捕捉的某类型的点。

3. 合并多段线

在分解一个块后,每条多段线一般会分解为许多条直线,编辑起来很麻烦,可以用"编辑多段线"命令来解决此类问题。先选择"编辑多段线"命令或输入"PE"后回车,再输入"M"并回车,然后选择要合并的多段线,根据提示回车后输入"J",再两次回车即可。

4. 缩放文字

在缩放图形时,文字也一起被缩放了,这样会影响图的美观性或可读性,若一个个地修改其字高或用特性匹配来修改又比较麻烦,此时可以用"SCALETEXT"命令来轻松解决。输入"SCALETEXT"命令后回车,选择所要修改的文字(可以使用快捷选择法,它只能选择出文字,对多段线等非文字是不会选择的),回车,然后根据提示选择文字的基点并回车,再选择缩放、匹配或指定字高,最后回车,即可完成所有文字的修改。

5. 计算二维图形面积

AutoCAD 中,可以方便、准确地计算二维封闭图形的面积(包括周长),但对于不同类别的图形,其计算方法也不尽相同。

(1)对于简单图形,如矩形、三角形,只需执行命令 AREA(可以是命令行输入或点击对应命令图标),在命令提示"Specify first corner point or [OBject/Add/SuBtract]:"后,打开捕捉依次选取矩形或三角形各交点后回车,AutoCAD 将自动计算面积(Area)、周长(Perimeter),并将结果列于命令行。也可以用 LIST 命令查看。

(2)对于简单图形,如圆或其他多段线(Polyline)、样条线(Spline)组成的二维封闭图形。执行命令 AREA,在命令提示"Specify first corner point or [OBject/ Add/SuBtract]:"后,选择 OBject 选项,根据提示选择要计算的图形,AutoCAD 将自动计算面积、周长。

(3)对于由简单直线、圆弧组成的复杂封闭图形,不能直接执行 AREA 命令计算图形面积。必须先使用 BOUNDARY 命令,以要计算面积的图形创建一个面域(region)或多段线对象,再执行命令 AREA,在命令提示"Specify first corner point or [OBject/Add/SuBtract]:"后,选择 OBject 选项,根据提示选择刚刚建立的面域图形,AutoCAD 将自动计算面积、周长。

6. AutoCAD 中特殊符号的输入

常见的表示直径的"Φ"、表示地平面的"±"、标注度符号"°"都可以用控制码％％C、％％P、％％D 来输入。如要输入其他符号,可以通过"字符映射表"来完成,具体步骤如下:

(1)输入"MTEXT"命令,然后建立一个文本框,之后就会打开"Multiline Text Editor"对话框。

(2)单击选项按钮右下角的箭头,打开一个下拉列表,我们可以看到有"Degrees ％％d"、"Plus/Minus ％％p"、"Diameter ％％c"、"Non－Breaking Space"、"Other"等选项,选择前三个的某一选项可直接输入"°"、"±"、"Φ"符号,这样就解决了人们记不住特殊控制码的问题。

(3)单击"Other"时,会打开"字符映射表"对话框,该对话框包含更多的符号供用户选用,其当前内容取决于用户在"字体"下拉列表中选择的字体,它的界面完全是我们所熟悉的中文界面。

(4)在"字符映射表"对话框中,选择要使用的字符,然后双击被选取的字符或单击"选择"按钮,再单击"复制"按钮,将字符拷贝到剪贴板上,点"关闭"返回原来的对话框。将光标放置在要插入字符的位置,用"Ctrl＋V"就可将字符从剪贴板上粘贴到当前窗口中。

常用 AutoCAD 中输入钢筋符号的方法(建议在单行文字 dt 下输入):

　％％c 符号 Φ

　％％d 度符号°

　％％p ± 号

　％％u 下划线

　％％130 Ⅰ级钢筋 φ

％％131Ⅱ级钢筋 B

％％132Ⅲ级钢筋 C

％％133Ⅳ级钢筋 D

％％130％％14511％％146 冷轧带肋钢筋

％％130％％145j％％146 钢绞线符号

1.3.3　图形的打印技巧

1. 关于出图时线宽的参数设置技巧

在工程制图中,每种线型都有相应的宽度。设置出图时,线宽的参数有三种方法:颜色区分、定义线的宽度和"LWEIGHT"命令。

在建筑工程制图时,建议图纸上以线宽不超过三种为宜,常以采用颜色来设置线的宽度比较方便。

2. 确定图形输出比例技巧

当绘制图形的比例与输出图形时使用的比例不同时,就会使原来绘制的图形中的文字标注等在输出的图形中发生变化,因此在绘制图形之前还需确定图形的输出比例:

图形输出比例＝输出图幅的长度(宽度)÷图幅的长度(宽度)

为了保证图形输出时文字的大小合适,应设置文字绘制高度,即

文字绘制高度＝文字输出高度×图形输出比例的倒数。

对于已经绘制好的文字,可以用 SCALE 命令来修改其比例。

1.3.4　常见问题处理

1. AutoCAD 中低版本的程序不兼容高版本程序

由于工作需要,有时候要在各种格式之间进行转换。可通过 AutoCAD 2013 版打开文件→另存为→选择相应的格式,进行转化。

2. 不能显示或输入的汉字变成问号

将该汉字字体所需要的汉字字体形文件复制到 AutoCAD 的字体目录中(一般为 ...\FONTS\),或者重新定义该字体,用已有的汉字字体形文件代替。

3. 改变已经存在的字体格式

如果想改变已有文字的大小、字体、高宽比例、间距、倾斜角度、插入点等,最好利用"特性(DDMODIFY)"命令(前提是已经定义好许多文字格式)。点击"特性"命令,点击要修改的文字,回车,出现"修改文字"窗口,选择要修改的项目进行修改即可。

4. 减少文件大小

在图形完稿后,执行清理(PURGE)命令,清理掉多余的数据,如无用的块,没有实体的图层,未用的线型、字体、尺寸样式等,从而可以有效减少文件大小。一般彻底清理需要PURGE2~3 次。

5. 镜像图形时,文字被镜像

可在镜像前输入系统变量"MIRRTEXT"后回车,再输入"0"并回车后,即可解决。

6. 将自动保存的图形复原

AutoCAD 将自动保存的图形存放到 AUTO. SV＄或 AUTO？. SV＄文件中,找到该文

件将其改名为图形文件即可在 AutoCAD 中打开。

一般,该文件存放在 WINDOWS 的临时目录,如 C:\WINDOWS\TEMP。

7. 误保存覆盖了原图

如果仅保存了一次,及时将后缀为 BAK 的同名文件改为后缀 DWG,再在 AutoCAD 中打开就行了。如果保存多次,原图就无法恢复。

8.DWG 错误文件的恢复

有时,AutoCAD 图会因为停电或其他原因突然打不开了,此时若没有备份文件,可以试试下面的方法恢复:

① 在"文件(File)"菜单中选择"绘图实用程序/修复(Drawing Utilities/Recover)"选项,在弹出的"选择文件(Select File)"对话框中选择要恢复的文件后确认,系统开始执行恢复文件操作。

② 如果用"RECOVER"命令不能修复文件,则可以新建一个图形文件,然后把旧图用图块的形式插入新图形中,也能解决问题。

③ 在 AutoCAD 2013 版中打开后另存为 AutoCAD 2013 的文件,然后重新打开文件,并选择采用局部打开方式,打开几个图层另存为一个文件,再打开剩下的图层,再另存为第二个文件,最后把两个文件复制重合在一起就恢复原图了。

④ 如果打开 AutoCAD 图到某一百分数(如 30%)时停住没反应了,这说明图纸不一定被损坏,可以先把电脑内的非 AutoCAD 提供的矢量字体文件删除(移到别的地方)后再试试(保留 2～3 个也可以)。

1.4   AutoCAD 绘制建筑结构施工图实例

1.4.1   建筑结构施工图制图特点

结构施工图是结构工程师的最终劳动成果,是整个工程建设中的关键一环。结构施工图与建筑、设备以及其他专业的施工图相比有自己的特点。

1. 结构施工图绘制对象

建筑结构工程设计所涉及的对象常见的有砖混结构,如多层的住宅、办公楼、学校、医院、厂房等建筑;排架结构,如厂房建筑;框架结构、框架剪力墙结构、剪力墙结构、筒体结构,如商场、综合楼、高层住宅等建筑。这些对象从绘图表达方式来分有砖混结构、钢筋混凝土结构、钢结构三种结构形式。

2. 结构施工图绘制内容

结构施工图是进行施工的依据。施工单位根据结构施工图所描述的尺寸、材料选择与配筋,如构件的截面尺寸、钢筋等级、直径、数量、形式、长度及配筋位置,砖、砂浆、混凝土的强度等级等进行施工。因此,结构施工图绘制内容可以归纳为四项:结构布置图(模板图)、配筋图、大样图、施工说明。

3. 结构施工图的绘制方法

(1)自动化设计方式

在这种方式中,一切按预先编写好的计算机辅助绘图软件规定的程序进行自动化绘图工作。除了必要的原始工程设计参数输入外,在进行过程中不需要设计人员进行干预就能自动绘图。这种方法在绘制施工图上实现了自动化绘图。当绘图系统编制比较完善时,就能满足结构施工图绘制的大部分要求。此绘图方式以其效率高、精确度高,尤其能将结构计算结果自动地按建筑要求和规范要求直接生成施工图而深受广大结构工程设计人员欢迎。这类比较成熟的软件有 PKPM 系列,其自动绘图软件可以根据 PMCAD 所建模及结构计算结果按要求自动绘制成结构施工图,以 ∗.T 文件保存。此 ∗.T 文件可以转化为 AutoCAD 的 DWG 图形文件格式保存。另外,还有直接以 AutoCAD 系统作为开发平台的计算机辅助设计软件,该类软件既包括初处理、结构计算,也包括将结构计算结果自动生成结构施工图。

(2)交互式设计方式

这种方式需要在工程师不断干预下,以人-机对话方式的交互作业来完成施工图的绘制。最基本的交互式设计方式就是完全利用 AutoCAD 基本命令来完成每个实体的绘制工作,最终形成施工图。这也是目前工程设计人员的日常工作方法之一。交互式绘图方式能适应错综复杂的多因素变化情况,适用于设计对象难以用精确的模型来描述的情况,因而这种方式的工作效率通常较低。当然,一个能熟练运用 AutoCAD 的专业人员,合理地使用 AutoCAD 提供的各项功能,工作效率也可以明显提高。例如,建立标准图库供调用,利用 AutoCAD 进行二次开发实现部分参数制图、块、属性等高级功能使用等。

在实际工作中,很少通过完全的自动化绘图或完全的最基本人-机对话的交互式绘图,而是两者的综合使用,扬长避短,提高工作效率。同时,结构工程师和软件工程师正在利用结构工程的技术性强、变化性小、定性、定量的工作多的特点,对 AutoCAD 进行二次开发,使得在结构施工图中的自动绘图方式的比例加大,辅以交互式输入来完成结构施工图。

1.4.2　建筑结构施工图常用表达方法

依照结构施工图绘制对象来划分,有砖混结构、钢筋混凝土结构、钢结构。其中,钢结构在此略去,仅谈谈前两种结构的施工图表达方法。

(1)砖混结构。计算机辅助绘图与传统的手工绘图所表现的方法基本一致。它所包含的内容有:基础布置图、基础配筋图、楼屋面的结构布置图(含有墙厚、开洞、构造柱、圈梁、预制板、梁等布置)、大样图(含有挑梁、挑檐、雨篷、饰面、楼梯)等,此外还含有材料、施工指导等文字施工说明。采用 AutoCAD 辅助绘图后,对定型的砖混结构,由于大样图、施工说明等可以建立标准图库供选用,因而设计效率明显加快,缩短了设计周期。砖混结构中也含有梁等钢筋混凝土构件,其表达方法见下述。

(2)钢筋混凝土结构。这种结构的施工图绘制的表示方法在采用计算机辅助绘图后,涌现出多种方式。常见方法有传统的整体表示法、梁柱分离表示法、梁柱表表示法、平面表示法等。

传统的梁柱整体表示法同手工绘图相同,主要绘制反映整个结构的立面图、剖面图。这种方法的优点是将结构中的构件尺寸、数量、位置都直接在整体上绘制出来,整体性强,关系明确,易于读图,便于施工,对施工单位的技术人员要求不高。缺点是绘制的图形都是针对各个构件,标准化程度低,绘制的成果由于工程的变化几乎无可重复利用的价值;又由于制图过于繁琐,会因设计人员自身因素而易造成错误;当结构体系复杂时,有时难以用简明的方式表达;绘图的图幅大,图纸量较多等。

梁柱分离式表达方法是梁柱整体表达方法的进一步改进。优点是采取标准构件归并的方法来绘制,实现部分标准化制图,减少了占用图幅,从而减少了图纸量。缺点是整体性差,易造成梁柱标注错误,给施工带来一定难度。

梁柱表的施工图表示法在广东等地区比较流行。一张梁柱表的施工图由两部分组成,一部分是以构件的剖面形式、钢筋布置形式等图形组成的图例以及由文字说明组成的说明部分;另一部分包括反映前示剖面等图例的参数表格,填写表格内容来表达选取的剖面形式及具体的钢筋数量。

梁柱表的施工图表达方式优点是实现了标准化制图,易于对 AutoCAD 进行二次开发,直接将结构计算结果按填表来处理,出图快,效率高,减少图纸量。缺点是技术员面对的不是直观的图形,而是表格数据,填表易错而又不易核对,直观性差,对施工人员要求高。

平面表示法的施工图表达方式已经有了国家建筑标准。这种施工图表达方法也是由两部分内容来完成的。一部分是以梁柱结点构造形式、梁柱配筋形式、各种剖面等图形组成的图例部分,与梁柱表施工图表达方式相似。平面表示法已根据现行规范编制了建筑标准设计 11G101,包含了大量标准结点施工方式等供选用。另一部分内容是以建筑专业提供的平面条件图,在 AutoCAD 中修改为结构平面图,以此平面图进行结构布置、梁配筋等数字标注。柱与剪力墙配筋以表来表示,板配筋同传统方法。

平面表示法施工图表达方式的优点是利用标准图例将结构设计的结果直接表达在建筑条件图上,既直观明了,又实现了标准化制图,大大加快了绘图的速度,提高了效率,也有利于施工。缺点是图纸量较大。

钢筋混凝土结构施工图表示方法很多,易造成混乱,也可能导致工程质量事故,因此从事设计、施工以及管理技术人员应该予以足够的重视。

1.4.3 建筑结构施工图实例

1. 砖混结构

【例 1-1】 某多层集体宿舍,采用砖混结构。图 1-21 所示为结构设计及施工总说明;图 1-22 所示为该结构的基础平面图;图 1-23 所示为该结构的二层结构平面布置及板配筋图。

2. 钢筋混凝土结构

【例 1-2】 某多层办公大楼,采用钢筋混凝土框架结构。本例题以平面表示法来绘制结构施工图。图 1-24 所示为三层楼面梁配筋图;图 1-25 所示为平面表示法的图例;图 1-26 所示为该结构框架柱配筋表。

【例 1-3】 某多层钢筋混凝土框架结构。本例题以梁柱表表示法来绘制结构施工图。图 1-26 所示为该结构框架柱配筋表;图 1-27 所示为梁柱表表示法的梁配筋表以及梁配表的图例。

【例 1-4】 某三层钢筋混凝土框架结构。本例题以梁柱整体表示法来绘制结构施工图。图 1-28 所示为梁柱整体表示法的梁柱整体配筋图。

【例 1-5】 本例题以楼梯配筋图来示意部分结构标准构件的参数化制图法。图 1-29 所示为钢筋混凝土楼梯配筋图。

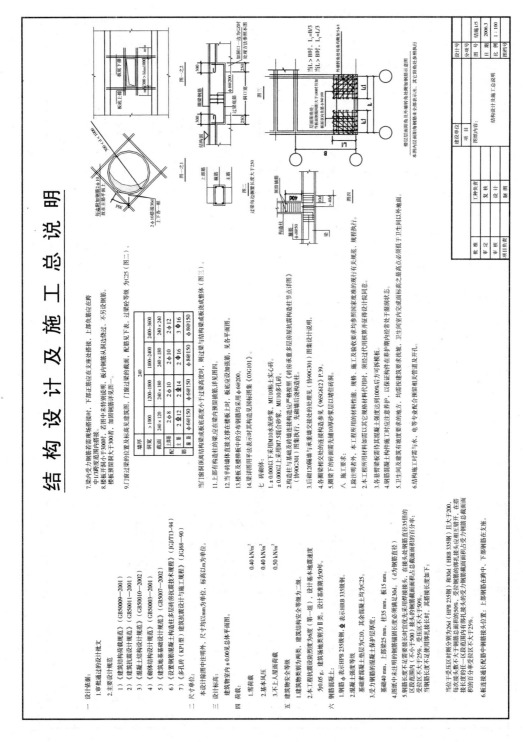

图1-21　结构设计及施工总说明

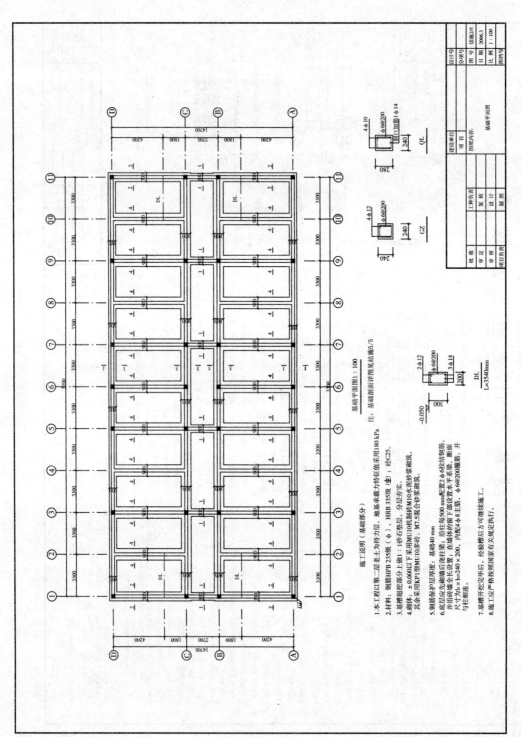

图 1-22 基础平面图

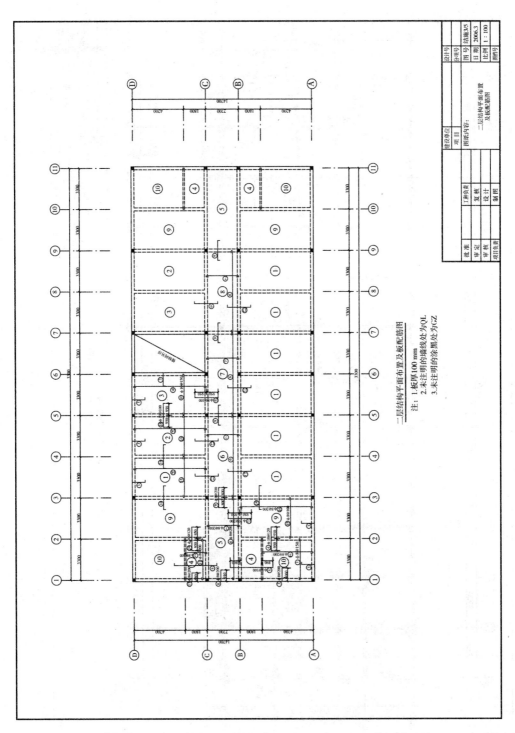

图 1-23 二层结构平面布置及板配筋图

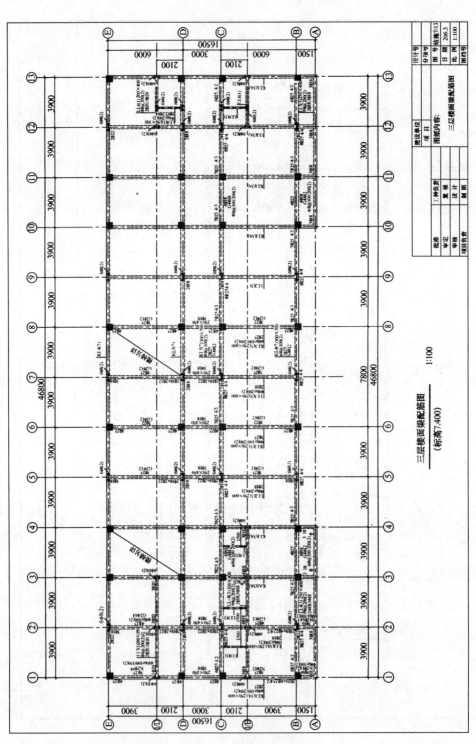

图 1-24 三层楼面梁配筋图

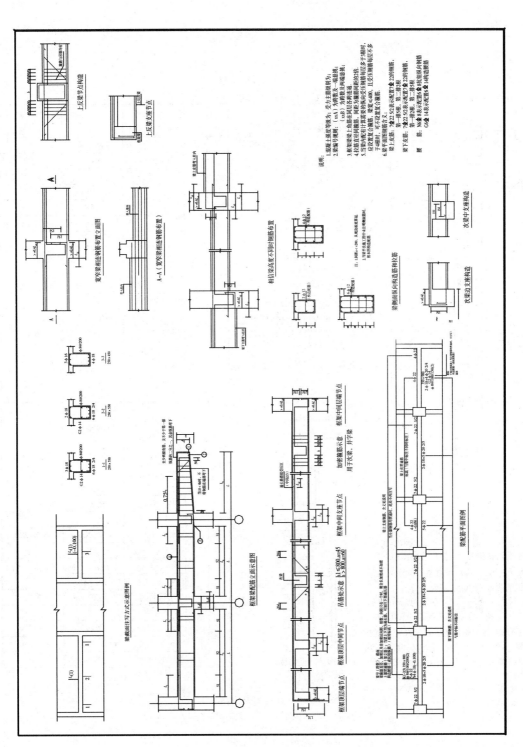

图1-25 平面表示法梁配筋图例

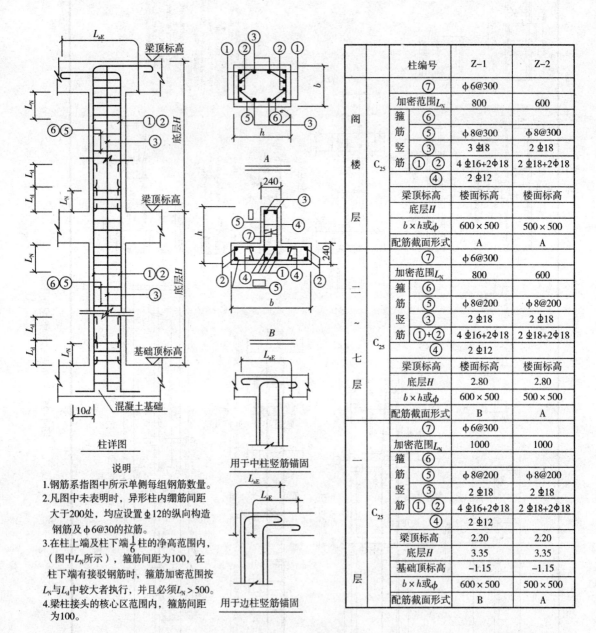

柱详图

用于中柱竖筋锚固

用于边柱竖筋锚固

说明

1.钢筋系指图中所示单侧每组钢筋数量。

2.凡图中未表明时，异形柱内绷筋间距大于200处，均应设置Φ12的纵向构造钢筋及φ6@30的拉筋。

3.在柱上端及柱下端 $\frac{1}{6}$ 柱的净高范围内，（图中 L_N 所示），箍筋间距为100，在柱下端有接驳钢筋时，箍筋加密范围按 L_N 与 L_d 中较大者执行，并且必须 $L_N > 500$。

4.梁柱接头的核心区范围内，箍筋间距为100。

		柱编号	Z-1	Z-2
阁楼层	C₂₅	⑦	φ6@300	
		加密范围 L_N	800	600
		箍筋 ⑥		
		⑤	φ8@300	φ8@300
		竖筋 ③	3Φ18	2Φ18
		①②	4Φ16+2Φ18	2Φ18+2Φ18
		④	2Φ12	
		梁顶标高	楼面标高	楼面标高
		底层H		
		b×h或φ	600×500	500×500
		配筋截面形式	A	A
二~七层	C₂₅	⑦	φ6@300	
		加密范围 L_N	800	600
		箍筋 ⑥		
		⑤	φ8@200	φ8@200
		竖筋 ③	2Φ18	2Φ18
		①+②	4Φ16+2Φ18	2Φ18+2Φ18
		④	2Φ12	
		梁顶标高	楼面标高	楼面标高
		底层H	2.80	2.80
		b×h或φ	600×500	500×500
		配筋截面形式	B	A
一层	C₂₅	⑦	φ6@300	
		加密范围 L_N	1000	1000
		箍筋 ⑥		
		⑤	φ8@200	φ8@200
		竖筋 ③	2Φ18	2Φ18
		①②	4Φ16+2Φ18	2Φ18+2Φ18
		④	2Φ12	
		梁顶标高	2.20	2.20
		底层H	3.35	3.35
		基础顶标高	-1.15	-1.15
		b×h或φ	600×500	500×500
		配筋截面形式	B	A

图1-26　框架柱配筋表

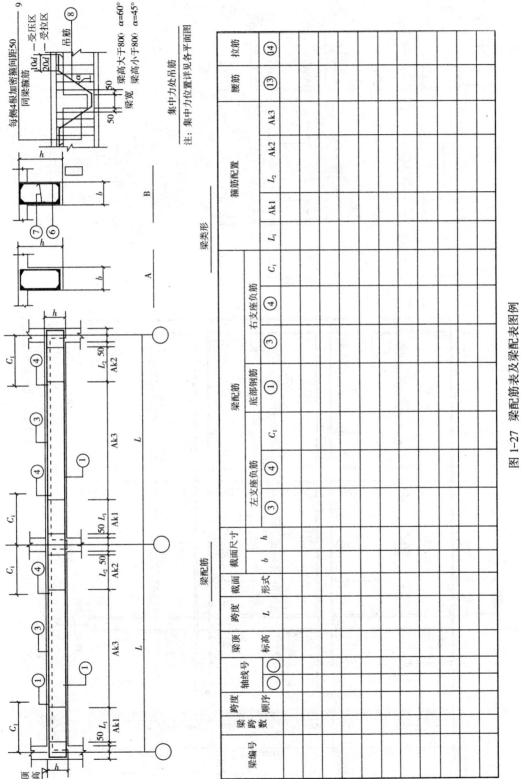

图 1-27　梁配筋表及梁配表图例

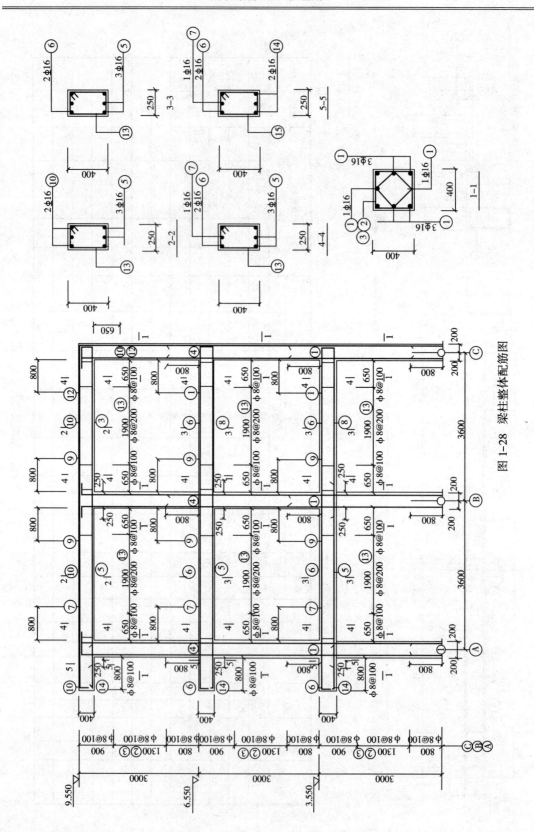

图 1-28　梁柱整体配筋图

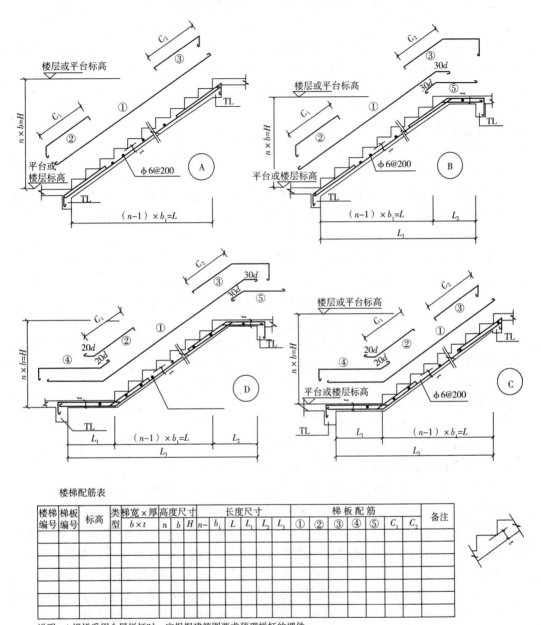

楼梯配筋表

楼梯编号	梯板编号	标高	类型	梯宽×厚 $b \times t$	高度尺寸			长度尺寸					梯板配筋							备注
					n	b	H	$n-$	b_1	L	L_1	L_2	L_3	①	②	③	④	⑤	C_1	C_2	

说明：1.楼梯采用金属栏杆时，应根据建筑图要求预理栏杆的埋件；
　　　2.楼梯梯板分布筋未注明时为φ6@200，（且每级不小于1φ6）

图 1-29　楼梯配筋图

1.5　AutoCAD 二次开发的方法

在 AutoCAD 平台上进行开发的方法有多种,归纳起来大致有三大类:利用各种形式与 AutoCAD 进行接口;使用 AutoCAD 提供的开发语言 AutoLISP、AutoC(ADS)、ARX 等进行开发;使用 AutoCAD 块命令形成标准图形库的单元块法。

1.5.1　接口式的开发方法

1. 三种主要接口方式

(1)DXF 文件接口方式

AutoCAD 的图形以压缩的方式存储,所以用户编写的程序几乎不可能去获取这种图形的数据,但可以用一种 ASCI 码文本文件来描述它的图形各细节,这就是 DXF 文件,即图形交换软件。在图形编辑状态下键入 DXFOUT 命令,把已有的图形转化为 DXF 文件,可以实现与 FORTRAN 等高级语言进行图形参数交换。当一个图形数据库的 DWG 文件转换成 DXF 文件进行读取、加工处理时,经处理后的 DXF 文件,在图形状态下用 DXFIN 命令,即可生成一个 AutoCAD 图形,又转换成图形格式 DWG 文件,从而实现了高级语言对图形的处理,达到设计者的要求。

DXF 文件可以完美地与 FORTRAN、BASIC、PASCAL 等语言连接,但其格式非常复杂,应用程序编写难度大。其他接口方式的出现使 DXF 相形见绌,特别对一般开发者来说,已没有必要再编写 DXF 格式接口文件。

(2)SCR 文件接口方式

SCR 文件又叫命令文件,它是由一组 AutoCAD 命令组成的文件。AutoCAD 提供了一种允许从文本文件中读取和执行命令组的功能,利用这种功能就可以执行命令文件中预定的命令序列,实际上就是提供了一种全自动计算机辅助设计功能。

SCR 文件也是文本文件,各种命令格式是已规定的。这样就可以用 FORTRAN、BASIC、dBASE Ⅲ 等编程,来形成 SCR 文件。对应不同参数就可以自动绘出不同的图形。

在结构 CAD 中,由于 FORTRAN 的科学计算功能很强,如果利用其编写形成 SCR 接口的功能子程序,通过参数调用,于是就似乎变成了用 FORTRAN 直接进行绘图。相比较而言,无论在编程还是在运行上,该方法的效率都比 BASIC 和 dBASE 高。

当然,C 语言也能做到这一点,甚至更好。但目前结构分析软件绝大多数由 FORTRAN 编写。为了保证统一性,SCR 常用 FORTRAN 编写,在一些特殊情况下才采用 C 语言编写。

(3)DWG 文件接口方式

这是一种以机器码进行接口的方式。当运行接口文件时,就可直接生成扩展名为 DWG 的文件,即生成图形。在 AutoCAD 图形编辑状态下可直接打开,无须再生成。但是这种机器码接口却不能让高级语言去直接生成图形信息的机器码。运用这种接口方式的典型代表是 PK/PM 系统。

2. 几种接口方式的比较

(1)功能

SCR 方式功能强,几乎可以调用 AutoCAD 的所有绘图、编辑以及其他辅助命令;DXF

方式次之;而 DWG 方式则没有利用 AutoCAD 的命令功能。

(2)程序编写

SCR 方式编写容易,只需知道 AutoCAD 命令格式即可;而 DXF 方式较复杂,即使有了接口文件,其主程序编写仍要考虑 DXF 文件格式的顺序,编写困难,不易修改;DWG 方式只有专业人员才能编写,对一般的开发者则难以利用。

(3)运行速度

DWG 方式生成图形最快,SCR 方式次之,DXF 方式最慢。

(4)信息交流

DXF 方式的最大优点在于既可生成图形,又可从图形中读出信息,可以与数据库进行交流,而 SCR 方式和 DWG 方式皆不可从图形中获得信息。

1.5.2　内嵌式语言的开发方法

1. Auto LISP

LISP(List Processing Language)语言是迄今为止在人工智能学科领域应用最广泛的一种程序设计语言。由于它具有很强的绘图能力,Autodesk 公司将其修改成为 AutoCAD 专用的 AutoLISP 语言。现在将 Visual LISP 完整地集成到 AutoCAD 中,为开发者提供了崭新的、增强的集成开发环境,一改过去在 AutoCAD 中内嵌 AtuoLISP 运行引擎的机制,这样开发者可以直接使用 AutoCAD 中的对象和反应器,进行更底层的开发。其特点为自身是 AutoCAD 中默认的代码编辑工具;用它开发 AutoLISP 程序的时间被大大地缩短,原始代码能被保密,以防盗版和被更改;能帮助大家使用 ActiveX 对象及其事件;使用了流行的有色代码编辑器和完善的调试工具,使大家很容易创建和分析 LISP 程序的运行情况。在 VisualLISP 中新增了一些函数:如基于 AutoLISP 的 ActiveX/COM 自动化操作接口;用于执行基于 AutoCAD 内部事件的 LISP 程序的对象反应器;新增了能够对操作系统文件进行操作的函数。

2. ADS

ADS(AutoCAD Development System)为 AutoCAD 使用 C 语言开发系统,是一种用于开发 AutoCAD 应用程序的环境。C 语言也被该公司修改成 AutoC。以 ADS 为基础、用 C 语言编写的应用程序,对 AutoCAD 系统而言,等同于 AutoLISP 编写的函数。一个 ADS 应用程序不是作为单一的程序而写的,而是作为由 AutoLISP 解释程序的加载和调用的外部函数集合。两者的大多数功能相同,只是 ADS 应用程序在速度和内存使用上效率更高,可以进入一些设备,如主操作系统和硬件,优势也在于可开发交互式应用程序,而 AutoLISP 则做不到,但 ADS 在开发和维护上费用昂贵。

3. OBjectARX

OBjectARX 是一种崭新的开发 AutoCAD 应用程序的工具,以 C++为编程语言,采用先进的面向对象的编程原理,提供可与 AutoCAD 直接交互的开发环境,能使用户方便快捷地开发出高效简洁的 AutoCAD 应用程序。OBjectARX 能够对 AutoCAD 的所有事务进行完整的、先进的、面向对象的设计与开发,并且开发的应用程序速度更快、集成度更高、稳定性更强。从本质上讲,OBjectARX 是一种特定的 C++编程环境,它包括一组动态链接库(DLL),这些库与 AutoCAD 在同一地址空间运行并能直接利用 AutoCAD 核心数据结构和代码,库中包含一组通用工具,使得二次开发者可以充分利用 AutoCAD 的开放结构,直接访问 AutoCAD 数据库结构、图形系统以及 CAD 几何造型核心,以便能在运行期间实时扩展 AutoCAD 的功能,创建能全面享受 AutoCAD 固有命令的新命令。使用 OBjectARX 进行应用开发还可以在同一水平上与 Windows 系统集成,并与其他 Windows 应用程序实现交互操作。

4. VBA

VBA 即 Mcrosoft office 中的 Visual Basic for Applications,它被集成到 AutoCAD 中。VBA 为开发者提供了一种新的选择,也为用户访问 AutoCAD 中丰富的技术框架打开一条新的通道。VBA 和 AutoCAD 中强大的 ActiveX 自动化对象模型的结合,代表了一种新型的定制 AutoCAD 的模式构架。通过 VBA,可以操作 AutoCAD,控制 ActiveX 和其他一些应用程序,使之相互之间发生互易活动。

1.5.3 图形单元块的开发方法

AutoCAD 可以将一个由许多点、线等基本实体组成的图形定义为一个图形单元块。图形单元块以 DWG 形式存储,在用到相同的图形时就可以调用它以不同的比例、角度插入。

这种方式的开发,适用于图形中含有标准构件单元多的情况,如机械零件、建筑图等。由这些块形成图形库,在使用时供选择,经过组合、删减等编辑后,就可得到一张满意的图。

在结构 CAD 中,由于结构设计本身的千差万别和严肃的科学性,所以不便于像编制建筑图那样仅仅通过调用一些标准图就可组合成设计施工图。结构施工图中标准构件少,完全使用图形单元块效果并不好,若用块来操作,修改比较麻烦,达不到省时、省事的目的。

1.6 建筑结构制图规范

图纸是工程师的语言。为了保证制图质量,提高制图效率,做到图面清晰、简明,符合设计、施工、存档的要求,必须制定建筑制图标准,适应工程建设的需要。下面简要介绍绘图常见基本要求。

1. 图纸幅面规格

图纸幅面及图框尺寸,应符合见表 1-3 所列的规定及如图 1-30 所示的格式。

2. 图线

图线的宽度 B,宜从下列线宽系列中选取:2.0 mm、1.4 mm、1.0 mm、0.7 mm、0.5 mm、0.35 mm。建筑结构制图,应选用表 1-4 中的图线。图纸的图框和标题栏线,可采用表 1-5 的线宽。

表 1-3 幅面及图框尺寸　　　　　　(单位:mm)

图幅代号 尺寸代号	A0	A1	A2	A3	A4
$b \times l$	841×1189	594×841	420×594	297×420	210×297
c		10		5	
a			25		

表 1-4　图线　　　　　　　　　　（单位:mm）

名称		线型	线宽	一般用途
实线	粗	——————	B	螺栓、主钢筋线、结构平面图中的单线结构控件线、钢木支撑及系杆线、图名下横线、剖面线
	中	——————	$0.5B$	结构平面图及详图中剖到或可见的墙与轮廓线、基础轮廓线、钢或木结构轮廓线、箍筋线、板钢筋线
	细	——————	$0.25B$	可见的钢筋混凝土的轮廓线、尺寸线、标注引出线,标高符号,索引符号
虚线	粗	- - - - - -	B	不可见的钢筋、螺栓线、结构平面图中的不可见的单线结构构件线、钢或木支撑线
	中	- - - - - -	$0.5B$	结构平面图中的不可见构件、墙身轮廓线及钢、木构件轮廓线
	细	- - - - - -	$0.25B$	基础平面图中的管沟轮廓线、不可见的钢筋混凝土构件轮廓线
单点长画线	粗	—— · ——	B	柱间支撑、垂直支撑、设备基础画轴线图中的中心线
	细	—— · ——	$0.25B$	定位轴线、对称线、中心线
双长画线	粗	—— · · ——	B	预应力钢筋线
	细	—— · · ——	$0.25B$	原有结构轮廓线
折断线		——／\——	$0.25B$	断开界线
波浪线		∼∼∼∼∼	$0.25B$	断开界线

表 1-5　图框线、标题栏线的宽度　　　　　（单位:mm）

幅面代号	图框线	标题栏外框线	标题栏分格线
A0、A1	1.4	0.7	0.35
A2、A3、A4	1.0	0.7	0.35

相互平行的图线,其间隙不宜小于其中的粗线宽度,并且不宜小于 0.7 mm。虚线、单点长画线或双点长画线的线段长度和间隔宜各自相等。单点长画线或双点长画线,当在较小图形中绘制有困难时,可用实线代替。单点长画线或双点长画线的两端不应是点。点画线与点画线交接或点画线与其他图线交接时,应是线段交接。虚线与虚线交接或虚线与其他图线交接时,应是线段交接。虚线为实线的延长线时,不得与实线连接。

图线不得与文字、数字或符号重叠、混淆,不可避免时,应首先保证文字等清晰。

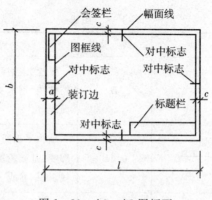

图 1-30　A0～A3 图幅面

3. 字体

图纸上所需书写的文字、数字或符号等,均应笔画清晰、字体端正、排列整齐;标点符号应清楚正确。文字的字高应从以下系列中选用:3.5 mm、5 mm、7 mm、10 mm、14 mm、20 mm。如需书写更大的字,其高度应按比值递增。图样及说明中的汉字,宜采用长仿宋体,宽度与高度的关系应符合表 1-6 的规定。大标题、图册封面、地形图等的汉字,也可书写成其他字体,但应易于辨认。

表 1-6　长仿宋字高宽关系　　　　　　　　（单位:mm）

字　高	20	14	10	7	5	3.5
字　宽	14	10	7	5	3.5	2.5

4. 符号

(1)引出线

引出线应以细实线绘制,宜采用水平方向的直线、与水平方向成 30°、45°、60°、90°的直线,或经上述角度再折为水平线。文字说明宜注写在水平线的上方(图 1-31(a)),也可注写在水平线的端部(图 1-31(b))。索引详图的引出线,应与水平直径线相连接(图 1-31(c))。同时引出几个相同部分的引出线,宜互相平行(图 1-32(a)),也可画成集中于一点的放射线(图 1-32(b))。

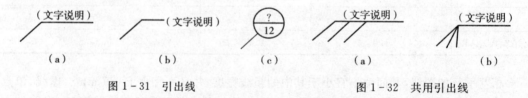

图 1-31　引出线　　　　　　　　图 1-32　共用引出线

(2)对称符号

对称符号由对称线和两端的两对平行线组成。对称线用细点画线绘制;平行线用细实线绘制,其长度宜为 6～10 mm,每对的间距宜为 2～3 mm;对称线两端超出平行线宜为 2～3 mm(图 1-33)。

（3）连接符号

连接符号应以折断线表示需连接的部位。两部位相距过远时,折断线两端靠图样一侧应标注大写拉丁字母表示连接编号。两个被连接的图样必须用相同的字母编号(图 1 - 34)。

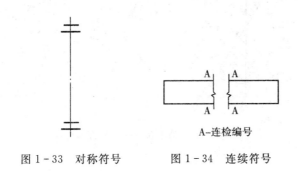

图 1 - 33　对称符号　　　　　图 1 - 34　连续符号

5. 定位轴线

定位轴线应用细点画线绘制。

定位轴线一般应编号,编号应注写在轴线端部的圆内。圆应用细实线绘制,直径为 8～10 mm。定位轴线圆的圆心应在定位轴线的延长线上或延长线的折线上。

在平面图上,定位轴线的编号宜标注在图样的下方与左侧。横向编号应用阿拉伯数字从左至右顺序编写,竖向编号应用大写拉丁字母从下至上顺序编写。

6. 尺寸标注

图样上的尺寸标注,包括尺寸界线、尺寸线、尺寸起止符号和尺寸数字(图 1 - 35)。

尺寸界线应用细实线绘制,一般应与被注长度垂直,其一端应离开图样轮廓线不小于 2 mm,另一端宜超出尺寸线 2～3 mm。图样轮廓线可用作尺寸界线(图 1 - 36)。

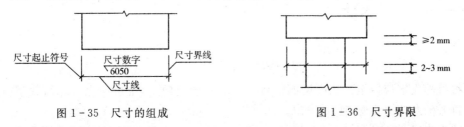

图 1 - 35　尺寸的组成　　　　　　　图 1 - 36　尺寸界限

尺寸线应用细实线绘制,并与被注长度平行。图样本身的任何图线均不得用作尺寸线。

图样上的尺寸应以尺寸数字为准,不得从图上直接量取。图样上的尺寸单位,除标高及总平面以米为单位外,其他必须以毫米为单位。尺寸数字的方向,应按如图 1 - 37(a)所示的规定注写。若尺寸数字在 30°斜线区内,宜按如图 1 - 37(b)所示的形式注写。

尺寸数字一般应依据其方向注写在靠近尺寸线的上方中部。如没有足够的注写位置,最外边的尺寸数字可注写在尺寸界线的外侧,中间相邻的尺寸数字可错开注写(图 1 - 38)。

尺寸宜标注在图样轮廓以外,不宜与图线、文字及符号等相交。

互相平行的尺寸线,应从被注写的图样轮廓线由近向远整齐排列,较小尺寸应离轮廓线较近,较大尺寸应离轮廓线较远。

图样轮廓线以外的尺寸界线,距图样最外轮廓之间的距离不宜小于 10 mm。平行排列的尺寸线的间距宜为 7～10 mm,并应保持一致。

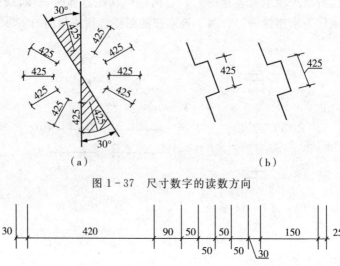

图 1-37　尺寸数字的读数方向

图 1-38　尺寸数字的注写位置

7. 标高

标高符号应以直角等腰三角形表示,按如图 1-39(a)所示的形式用细实线绘制,如标注位置不够,也可按如图 1-39(b)所示的形式绘制。标高符号的具体画法如图 1-39(c)、(d)所示。

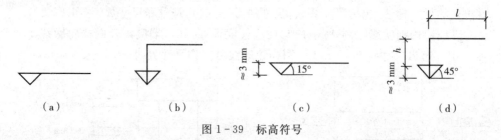

图 1-39　标高符号

标高符号的尖端应指至被注高度的位置。尖端一般应向下,也可向上。标高数字应注写在标高符号的左侧或右侧(图 1-40)。

标高数字应以米为单位,注写到小数点以后第三位。在总平面图中,可注写到小数点以后第二位。零点标高应注写成±0.000,正数标高不注"+",负数标高应注"−",如 3.000、−0.600。在图样的同一位置需表示几个不同标高时,标高数字可按如图 1-41 所示的形式注写。

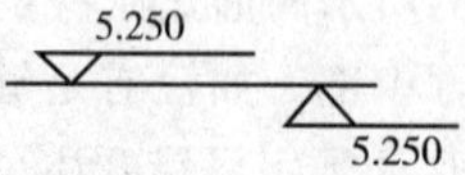

图 1-40　标高指向 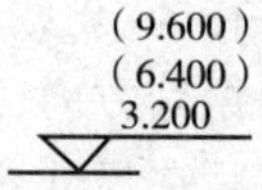　　　　　　　图 1-41　一个标高符号标注数个标高数字

第 2 章　PKPM 系列软件的应用与实例

2.1　PKPM 系列软件概述

　　PKPM 系列软件是一套集建筑设计、结构设计、设备设计、工程量统计、概预算、鉴定加固及施工软件等于一体的大型建筑工程综合 CAD 系统,是目前国内建筑工程界应用最广、用户最多的一套计算机辅助设计系统。针对 2010 年以后出台的建筑结构各项新规范,PKPM 系列软件也进行了较大的改版。本章重点介绍 PKPM 系列软件的特点、组成及基本工作方式,使读者对 PKPM 系列软件有一个整体认识。

2.1.1　PKPM 系列软件的发展

　　在 PKPM 系列软件开发之初,我国的建筑工程设计领域计算机应用水平相对较落后,仅用于结构分析,CAD 技术应用还很少,其主要原因是缺乏适合我国国情的 CAD 软件。国外的一些较好的软件,如阿波罗、Inter graph 等都是在工作站上实现的,不仅引进成本高,应用效果也很不理想,能在国内普及率较高的 PC 机上运行的软件几乎是空白。因此,开发一套计算机建筑工程 CAD 软件,对提高工程设计质量和效率是极为迫切的。针对上述情况,中国建筑科学研究院经过几年的努力,研制开发了 PKPM 系列 CAD 软件。该软件自 1987 年推广以来,历经了多次更新改版,目前已经发展成为一个集建筑、结构、设备、管理于一体的集成系统。

2.1.2　PKPM 系列软件的特点

　　PKPM 系列软件有以下几个主要的技术特点:

　　1. 数据共享的集成化系统

　　建筑设计过程中常规配合的各专业(建筑、结构和设备等)可以实现数据共享,避免重复输入数据。结构专业中各个设计模块之间也可以共享数据,即各种模型原理的上部结构分析、绘图模块和各类基础设计模块共享结构布置、荷载及计算分析结果信息。这样可最大限度地利用数据资源,大大提高了工作效率。

　　2. 直观明了的人机交互方式

　　人机交互输入方式免去了填写繁琐数据的环节,便于文件设计人员掌握,而且不容易出错,建模效率更高。

　　3. 计算数据自动生成技术

　　PKPM CAD 系统具有自动传导荷载功能,实现了恒、活、风荷的自动计算和传导,并可自动提取结构几何信息,自动完成结构单元划分,特别是可把剪力墙自动划分成壳单元,从而使复杂计算模式实用化。在此基础上,可自动生成平面框架、高层三维分析、砖混及底框砖房等多种计算方法的数据。上部结构的平面布置信息及荷载数据,可自动传递给各类基础,接力完成基础的计算和设计。在设备设计中实现从建筑模型中自动提取各种信息,完成负荷计算和线路计算。

4．基于先进计算方法的结构计算软件包

PKPM 系列软件采用了国内外最流行的各种计算方法,如:平面杆系、矩形及异形楼板、薄壁杆系、高层空间有限元、高精度平面有限元、高层结构动力时程分析、梁板楼梯及异形楼梯、各类基础、砖混及底框抗震分析等,有些计算方法达到国际先进水平。

5．智能化的施工图设计

利用 PKPM 软件,可在结构计算完毕后智能化地选择钢筋,确定构造措施及节点大样,使之满足现行规范及不同设计习惯;全面的人工干预修改手段,钢筋截面归并整理,自动布图等一系列操作,使施工图设计过程自动化。设置好施工图设计方式后,系统可自动完成框架、排架、连续梁、结构平面、楼板计算配筋、节点大样、各类基础、楼梯、剪力墙等施工图绘制,并可及时提供图形编辑功能,包括标注、说明、移动、删除、修改、缩放及图层、图块管理等。

2.1.3　PKPM 系列软件的组成

新版本的 PKPM 系列软件包含了结构、建筑、钢结构、特种结构、砌体结构、鉴定加固、设备等 7 个主要专业模块,如图 2-1 所示。

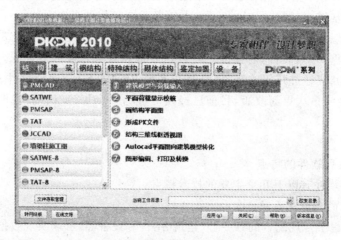

图 2-1　PKPM 系列软件主要专业模块

每个专业模块下,又包含了各自相关的若干软件,本书重点对结构专业各软件的主要功能及其特点加以介绍。

(1)结构平面计算机辅助设计软件 PMCAD。PMCAD 是整个结构 CAD 的核心,是剪力墙、高层空间三维分析和各类基础 CAD 的必备接口软件,也是建筑 CAD 与结构的必要接口。该程序通过人机交互方式输入各层平面布置和外加荷载信息后,可自动计算结构自重并形成整栋建筑的荷载数据库,由此数据可自动给框架、空间杆系薄壁柱、砖混计算提供数据文件,也可为连续次梁和楼板计算提供数据。PMCAD 也可作砖混结构及底框上砖房结构的抗震分析验算,计算现浇楼板的内力和配筋并画出板配筋图,绘制出框架、框剪、剪力墙及砖混结构的结构平面图以及砖混结构的圈梁、构造柱节点大样图。

(2)钢筋混凝土框排架及连续梁结构计算与施工图绘制软件 PK。该软件采用二维内力计算模型,可进行平面框架、排架及框排架结构的内力分析和配筋计算(包括抗震验算及梁裂缝宽度计算），并完成施工图辅助设计工作。接力多高层三维分析软件 TAT、SATWE、PMSAP 计算结果及砖混底框、框支梁计算结果，为用户提供四种方式绘制梁、柱施工图。能根据规范及构造手册要求自动进行构造钢筋配置。该软件计算所需的数据文件可由 PMCAD 自动生成，也可通过交互方式直接输入。

（3）多高层建筑结构空间有限元分析软件 SATWE。SATWE 采用空间杆单元模拟梁、柱及支撑等杆件，并采用在壳元基础上凝聚而成的墙元模拟剪力墙。对楼板则给出了多种简化方式，可根据结构的具体形式高效准确地考虑楼板刚度的影响。它可用于各种形式结构的分析、设计。当结构布置较规则时，TAT 甚至 PK 即可满足工程精度要求，因此采用相对简单的软件效率更高。但对于结构的荷载分布有较大不均匀、存在框支剪力墙、剪力墙布置变化较大、剪力墙墙肢间连接复杂、楼板局部开大洞及特殊楼板等各种复杂的结构，则应选用 SATWE 进行结构分析才能得到满意的结果。SATWE 所需的几何信息和荷载信息都从 PMCAD 建立的建筑模型中自动提取生成，SATWE 计算完成后，可经全楼归并接力 PK 绘制梁、柱施工图，接力 JLQ 绘制剪力墙施工图，并可为各类基础设计软件提供设计荷载。

（4）多高层建筑结构三维分析软件 TAT。TAT 程序采用三维空间薄壁杆系模型，计算速度快，硬盘要求小，适用于分析、设计结构竖向质量和刚度变化不大，剪力墙平面和竖向变化不复杂，荷载基本均匀的框架、框剪、剪力墙及筒体结构（事实上大多数实际工程都在此范围内）。它不但可以计算多种结构形式的钢筋混凝土高层建筑，还可以计算钢结构以及钢-混凝土混合结构。

TAT 可与动力时程分析程序 TAT—D 接力运行进行动力时程分析，并可以按时程分析的结果计算结构的内力和配筋。对于框支剪力墙结构或转换层结构，可以自动与 FEQ 接力运行，其数据可以自动生成，也可以人工填表，并可指定截面配筋。TAT 所需的几何信息和荷载信息都从 PMCAD 建立的建筑模型中自动提取生成，TAT 计算完成后，可经全楼归并接力 PK 绘制梁、柱施工图，接 JLQ 绘制剪力墙施工图，并可为各类基础设计软件提供设计荷载。

（5）楼梯计算机辅助设计软件 LTCAD。LTCAD 采用交互方式布置楼梯，或直接与 APM 或 PMCAD 接口读入数据，适用于一跑、二跑、多跑等各种类型楼梯的辅助设计，完成楼梯内力与配筋计算及施工图设计，对异形楼梯还有图形编辑下拉菜单。

（6）基础（独立基础、条基、桩基、筏基）CAD 软件 JCCAD。JCCAD 包括了老版本中的 JCCAD、EF、ZJ 三个软件，可完成柱下独立基础，砖混结构墙下条形基础，正交、非正交及弧形弹性地基梁式、梁板式、墙下筏板式、柱下平板式和梁式与梁板式混合形基础及与桩有关的各种基础的结构计算和施工图设计。

（7）梁柱施工图软件，可以接 PK、TAT、SATWE 的计算结果绘制施工图。绘图前可以进行重新归并，修改原有配筋数据。软件提供了以下几种绘图方法：梁立面、剖面施工图画法和梁平法施工图；柱立面、剖面施工图画法、柱平法施工图画法和柱剖面列表画法；整榀框架施工图画法。

2.1.4　PKPM 的基本工作方式

1. PKPM 的工作界面

启动相应软件后，程序将屏幕划分为右侧的菜单区、上侧的下拉菜单区、下侧的命令提示区、中部的图形显示区和工具栏图标五个区域。启动 PM 软件后的工作界面如图 2-2 所示。

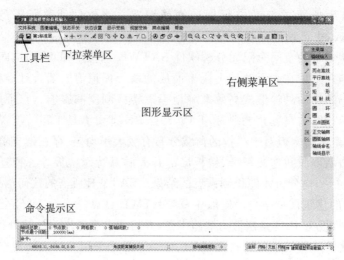

图 2-2 PKPM 工作界面

（1）下拉菜单区。当启动不同的软件时，PKPM 下拉菜单的组成内容也略有不同，但都是由文件、显示、工作状态管理及图素编辑等工具组成。这些菜单是由名为 WORK.DGM 的文件支持的，这个文件一般安装在 PM 目录中，如果进入程序后下拉菜单无法激活，应把该文件拷入用户当前的工作目录中。单击任一主菜单，便可以得到它的一系列子菜单。

（2）右侧菜单区。右侧菜单区是快捷菜单，可以提供对某些命令的快速执行。右侧菜单区是由名为 WORK.MNU 的菜单文件支持的，这个文件一般安装在 PM 目录中，如果进入程序后右侧菜单区空白，应把该文件拷入用户当前的工作目录中。

（3）命令提示区。在屏幕下侧是命令提示区，一些数据、选择和命令可以由键盘在此输入。如果用户熟悉命令名，可以在"输入命令"的提示下直接敲入一个命令而不必使用菜单。所有菜单内容均有与之对应的命令名，这些命令名是由名为 WORK.ALI 的文件支持的，这个文件一般安装在 PM 目录中，用户可把该文件拷入用户当前的工作目录中自行编辑，以自定义简化命令。

（4）图形显示。PKPM 界面上最大的空白窗口便是图形显示区，是用来建模和操作的地方。可以利用图形显示及观察命令，对视图在绘图区内进行移动和缩放等操作。

（5）工具栏图标。PKPM 界面上也有与 AutoCAD 中相似的工具栏图标，它主要包括一些常用的图形编辑、显示等命令，可以方便视图的编辑和观察操作。

2.PKPM 常用快捷键

以下是 PKPM 中常用的功能热键，用于快速查询输入。

鼠标左键：键盘"Enter"，用于确认、输入等。

鼠标中键：键盘"Tab"，用于功能转换，在绘图时为输入参考点。

鼠标右键：键盘"Esc"，用于否定、放弃、返回菜单等。

以下提及"Enter"、"Tab"和"Esc"时，也即表示鼠标的左键、中键和右键，而不再单独说明鼠标键。

“F1”：帮助热键，提供必要的帮助信息。

“F2”：坐标显示开关，交替控制光标的坐标值是否显示。

“Ctrl”＋“F2”：点网显示开关，交替控制点网是否在屏幕背景上显示。

“F3”：点网捕捉开关，交替控制点网捕捉方式是否打开。

“Ctrl”＋“F3”：节点捕捉开关，交替控制节点捕捉方式是否打开。

“F4”：角度捕捉开关，交替控制角度捕捉方式是否打开。

“Ctrl”＋“F4”：十字准线显示开关，可以打开或关闭十字准线。

“F5”：重新显示当前图、刷新修改结果。

“F6”：显示全图，从缩放状态回到全图。

“F7”：放大一倍显示。

“F8”：缩小一半显示。

“Ctrl”＋“W”：提示用户选窗口放大图形。

“Ctrl”＋“R”：将当前视图设为全图。

“F9”：设置点网捕捉值。

“Ctrl”＋“F9”：修改常用角度和距离数据。

“Ctrl”＋“←”：左移显示的图形。

“Ctrl”＋“→”：右移显示的图形。

“Ctrl”＋“↑”：上移显示的图形。

“Ctrl”＋“↓”：下移显示的图形。

“Page Up”：增加键盘移动光标时的步长。

“Page Down”：减少键盘移动光标时的步长。

“O”：在绘图时，令当前光标位置为点网转动基点。

“S”：在绘图时，选择节点捕捉方式。

“Ctrl”＋“A”：当重显过程较慢时，中断重显过程。

“Ctrl”＋“P”：打印或绘出当前屏幕上的图形。

“U”：在绘图时，后退一步操作。

“Ins”：在绘图时，由键盘键入光标的(x,y,z)坐标值。

2.2　结构平面计算机辅助设计软件 PMCAD

PMCAD 是 PKPM 系列 CAD 软件的基本组成模块之一，它采用人机交互方式，引导用户逐层布置各层平面和各层楼面，具有较强的荷载统计和传导计算功能，可方便地建立整栋建筑的数据结构。PMCAD 是 PKPM 系列结构设计软件的核心，为功能设计提供数据接口。

2.2.1　PMCAD 的基本功能

1. 人机交互建立全楼结构模型

人机交互方式引导用户在屏幕上逐层布置柱、梁、墙、洞口、楼板等结构构件，快速搭起全楼的结构构架。

2. 自动导算荷载建立恒活荷载库

(1)引导用户人机交互地输入或修改各房间楼面荷载、主梁荷载、次梁荷载、墙间荷载、节点荷载及柱间荷载,并方便用户使用复制、拷贝、反复修改等功能。

(2)可分类详细输出各类荷载,也可综合叠加输出各类荷载。

(3)计算次梁、主梁及承重墙的自重。

(4)对于用户给出的楼面恒活荷载,程序自动进行楼板到次梁、次梁到框架梁或承重墙的分析计算,所有次梁传到主梁的支座反力、各梁到梁、各梁到节点、各梁到柱传递的力均通过平面交叉梁系计算求得。

3. 为各种计算模型提供计算所需数据文件

(1)形成 PK 按平面杆系或连续梁计算所需的数据文件。

(2)为三维空间杆系薄壁柱程序 TAT 提供计算数据文件接口。

(3)为空间有限元计算程序 SATWE 提供数据文件接口。

(4)为基础设计 JCCAD 模块提供底层结构布置与轴线网格布置,提供上部结构传下的恒活荷载。

4. 为上部结构各绘图模块提供结构构件的精确尺寸

如梁柱总图的截面、跨度、挑梁、次梁、轴线号、偏心等,剪力墙的平面与立面模板尺寸,楼板厚度,楼梯间布置等。

5. 现浇钢筋混凝土楼板结构计算与配筋设计及结构平面施工图辅助设计

计算单向、双向和异形(非矩形)楼板的板弯矩及配筋,可以人工修改板的边界条件,可打印输出板弯矩、挠度、裂缝与配筋图,可人工修改板配筋级配库,可设置放大调整系数等若干配筋参数,程序根据计算结果自动选出合适的板配筋并供设计人员审核修改。

程序提供多种楼板钢筋画图方式和钢筋标注方式,还可自动绘制梁、柱、墙和门窗洞口,柱可为十多种异形柱;标注轴线,包括弧轴线;标注尺寸,可对截面尺寸自动标注;标注字符和中文说明;画预制楼板;对图面不同内容的图层管理,可对任意图层执行开闭和删除操作;绘制各种线型图素,任意标注字符;图形的编辑、缩放、修改,如删除、拖动、复制等。

6. 砌体结构辅助设计功能

可进行砌体结构和底框上砖房结构的抗震计算及受压、高厚比、局部承压计算,并可自动生成圈梁及构造柱大样并进行分类归并。

7. 统计结构工程量

统计工程量,并可以表格形式输出。

2.2.2 PMCAD 基本工作方式

在正式学习使用 PMCAD 之前,首先要了解 PMCAD 的基本工作方式。本节将对 PMCAD 的操作过程、PMCAD 的文件管理等基本工作方式进行介绍。

1. PMCAD 的操作过程

双击 PKPM 快捷方式,进入 PKPM 主菜单后,选择"结构"模块,并选中菜单左侧的"PMCAD",使其变成蓝色,菜单右侧此时将显示 PMCAD 主菜单,如图 2-3 所示。在上述各菜单项中,各主菜单可以移动光标单击,也可键入菜单前数字或字符单击。其中,主菜单第 1 项是输入各类数据,2~7 项是完成各项功能,用户想运行哪一项功能,只需键入该功能提示前的数字或字符后单击"应用"即可。进行任一项工程设计,均应建立该项工程专用的工作子目录,子目录名称可根据用户需要任意设定。进入该子目录后,首先应顺序执行主菜单 1 项,这样可建立该项工程的整体数据结构,以后则可按任意顺序执行主菜单的其他项。

图 2 - 3　PMCAD 主菜单

2. PMCAD 的文件管理

(1)PMCAD 的文件创建与打开

PMCAD 软件的文件创建与打开方式与 AutoCAD 有所不同。具体操作方法如下:

①设置好工作目录,并启动 PMCAD。

②在屏幕显示"请输入文件名"时,输入要建立的新文件或要打开的旧文件的名称,如输入"办公楼",然后按 Enter 键确认。

注意:每个工程必须存放在独立的工作目录下,否则最新建模生成的某些文件就会将先前工程建模时所产生的同名文件覆盖掉。因此,建模之前首先要指定工程的工作目录,可直接在当前工作目录框中输入,也可通过单击右下角"改变目录"按钮进行选择。

(2)PMCAD 的文件组成

一个工程的数据结构是由若干带后缀 .PM 的有格式或无格式文件组成。

在主菜单 1 建筑模型与荷载输入项执行后,形成该项工程名称加后缀的若干文件。

使用 PKPM 主菜单左下角处的"文件存取管理"按钮,可实现自动数据打包功能。即根据用户挑选的要保存的文件类型自动挑选出该类型的文件,经用户确认后按 Win Zip 格式压缩打包,压缩文件也保存在当前工作目录下。用户可方便地将其拷贝、保存到其他地方。

2.2.3　PMCAD 的基本使用方法和设计实例

1. 设计实例基本信息

该模型为一钢筋混凝土框架结构,共 4 层,局部 3 层,1～3 层高均为 3.6 m,4 层层高 3.3 m。框架柱截面尺寸为 600 mm×600 mm,框架梁截面尺寸为 300 mm×600 mm,次梁截面尺寸为 200 mm×400 mm,楼板厚 150 mm。楼面均布恒荷载为 2.5 kN/m²,活荷载为 2 kN/m²。基本风压 0.35 kN/m²,地面粗糙度为 B 类。地震设防烈度为 7 度,地震分组为第一组,场地类别为 Ⅱ 类,抗震等级为三级。梁、板、柱混凝土强度均为 C30,梁柱纵筋等级为

HRB400,箍筋为 HPB300。

2.建筑模型与荷载输入

(1)创建或打开文件

设置好工作目录后,选择如图 2-3 所示的 PMCAD 主菜单右侧的第 1 项:建筑模型与荷载输入,使其变成蓝色,再单击"应用"按钮,或者双击"建筑模型与荷载输入",屏幕弹出 PMCAD 交互式数据输入启动界面。

程序提示"请输入文件名"。此时,输入"办公楼",然后按 Enter 键确认,模型输入主菜单如图 2-4 所示。

(2)轴线输入

"轴线输入"的子菜单如图 2-5 所示。

"轴线输入"菜单是整个交互输入程序中最为重要的一环,只有在此绘制出准确的图形,才能为以后的布置工作打下良好的基础。

图 2-4　模型输入主菜单

图 2-5　"轴线输入"子菜单

"轴线输入"的内容和过程:首先,利用作图工具绘制出定位轴线。这些轴线不完全是建筑轴线,因为凡是需要布置墙、梁等构件的地方都必须有定位轴线存在,但是有轴线的地方不一定要布置构件,一般结构设计以墙、梁的布置为主,因此沿墙线和梁线绘制定位轴线是一种效率较高的方法。绘制的定位轴线通过程序计算,自动转为一张网格图,凡是有轴线相交的地方都会产生一个节点,节点之间的线段成为一段独立的网格,节点和网格成为所有构件几何定位的基础,可以在节点和网格上随意放置各种构件。

程序提供了多种基本图素,它们配合各种几何工具、热键和下拉菜单中的各项工具,构成了一个小型绘图系统,用于绘制各种形式的轴线。较常用的图素有节点、平行直线、辐射线、正交轴网、圆弧轴网等。

①"节点":用于直接绘制独立节点,如果为了打断一根线段,可以通过在线段上插入节点来实现。

②"平行直线":可以成批绘制等长线段。

③"辐射线":可输入一组延线相交于一点的等长辐射形轴线。其步骤为输入旋转中心点(即延线交点)→输入第一点(辐射轴线起点圆半径)→输入第二点(第一根轴线交点)→输入复制角度,数量。

④"正交轴网":输入的轴线为正交轴线,其步骤为定义开间(竖向各轴线间距,从左到右)→定义进深(横向各轴线间距,从下到上)→轴网输入(将上面形成的正交网格插入到图

中,以该网格左下点为插入和转动基点)→轴线命名。

　　⑤ "圆弧轴网":绘制弧轴线及径向轴线,其步骤为定义开间(径向轴线间夹角,以逆时针为正)→定义进深(弧轴线间距,从内向外)→轴网输入→轴线命名。

　　下面介绍采用"平行直线"和"正交轴网"命令输入如图 2-6 所示的轴网的具体过程。下文中,"E"表示"Enter"键。

　　方法一:主要采用"平行直线"功能。

　　① 画轴线 1

　　点击菜单"平行直线",屏幕下方会提示输入第一点,从键盘输入该点坐标 0,0"E"(将该工程的左下点定在坐标原点),此时屏幕下提示输入第二点,再键入 0,18000"E"即输入了轴线 1。

　　② 将轴线 1 向右平移复制,画轴线 2～7

　　在提示区输入复制间距、次数时,键入 6000,6"E"得轴线 2～7(X、Y 轴方向分别以向右、向上为正),按"Esc"键,退出平行直线复制状态。

　　③ 画轴线 A、B、C、1/C、D

　　点击菜单"平行直线",屏幕下方提示输入第一点时,将捕捉靶套住点"1"后"E",再将捕捉靶套住点"2""E",即得轴线 A。键入 6000,2"E",得轴线 B、C,键入 2000"E"得轴线 1/C,最后键入 4000"E",则得到轴线 D,按"Esc"键退出平行直线复制状态。

　　④ 画 8～12 轴线

　　点击菜单"平行直线",在屏幕下方提示输入第一点时用捕捉靶套住点"3"后"E",在提示输入第二点时,用键盘输入角度与距离的方法输入 18000<-60,画轴线 8;再键入 6000,4"E",可得轴线 9～12,按"Esc"退出平行直线复制状态。

　　⑤ 画轴线 E、F、G、H

　　点击菜单"平行直线",用捕捉靶套住点"4"后"E",再套住点"5"后"E"得到轴线 E,再键入 6000,3"E"得到轴线 F、G、H,按"Esc"退出平行直线复制状态。

　　⑥ 删除不需要节点

　　点"网格生成"下拉菜单,再点击该菜单中的"删除节点"命令,根据屏幕下方的提示,可按"Tab"键,即可由光标选择变为窗口选择,再用鼠标在屏幕上拉动窗口,使窗口套住"6"、"7"、"8"、"9"节点后点"E",即删除了这些节点,同时还可以删除"1"、"10"、"11"节点,按"Esc"退出"节点删除"命令。也可不执行该步骤,将无用节点保留,用后面的网格生成菜单中的"清理网点"功能统一处理。

　　⑦ 画 1、2 轴线间的两圆弧

　　点击菜单"圆弧",屏幕提示输入圆弧圆心,这时用捕捉靶套住点"12"后"E",提示输入圆弧起始角时,用靶套住点"13"后"E",再提示输入圆弧结束角时,用捕捉靶套住点"14"后"E",即得上部圆弧,此时要注意所画的圆弧为从起始角逆时针转到结束角所画的一段圆弧,若将起始角和结束角对调,则得另一半圆弧。同样方法可得点 15 与点 16 间的圆弧。

　　⑧ 画 7、8 轴线间的圆弧

　　点击右侧菜单"圆弧",用捕捉靶套住点"3"后"E",再分别套住点"2""E"、点"4""E"后,在屏幕下方提示输入复制间距、次数后,输入-3000,5"E"即可(以直径增大为正),按"Esc"退出输入"圆弧"状态(此处画辅助线 1/E、1/F、1/G 是为布置弧形次梁)。

至此,所要求的轴线均已输入,在以上的过程中未用到"角度捕捉"工具,只用到"节点捕捉"功能。由于进入程序后,缺省设置为"节点捕捉"打开,"角度捕捉"关闭,因此不需进行状态开关设置。

方法二:主要采用"正交轴网"功能

① 画轴线 1~7,A、B、C、1/C、D

进入"轴线输入"后,点击右侧菜单"正交轴网",程序自动进入下级子菜单。在该菜单的下开间栏中输入 6000,6000,6000,6000,6000,6000(或输入 6000 * 6),在左进深栏中输入 6000,6000,2000,4000(竖向轴线间的距离称为开间,横向轴线间的距离称为进深,下开间表示在网格下侧标出开间的间距,左进深表示在网格左侧标出进深的间距),按"确定"按钮进入状态,从键盘输入插入点坐标 0,0。

② 画轴线 8~12,E~H

进入"轴线输入"后,点击右侧菜单"正交轴网",程序自动进入下级子菜单。在该菜单的下开间栏中输入 6000 * 4,在左进深栏中输入 6000 * 3,按"改变基点"按钮,使插入基点从默认的左下角转到左上角,在转角栏中输入 30,再按"确定"按钮进入状态,用光标套住点"3""E"。

其余步骤同方法一的⑥、⑦、⑧步骤,此处不再重复。

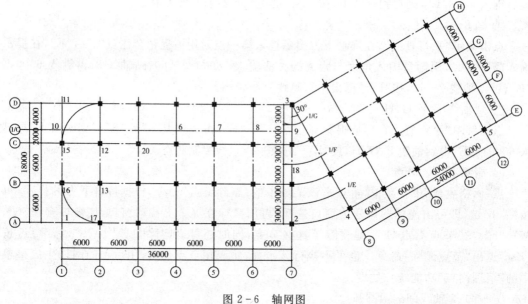

图 2-6　轴网图

(3)网格生成

"网格生成"是程序自动将绘制的定位轴线分割为网格和节点,"网格生成"的子菜单如图 2-7 所示。

① 轴线显示:显示或隐藏轴线尺寸的开关。

② 形成网点:可将用户输入的几何线条转变成楼层布置需用的白色节点和红色网格线,并显示轴线与网点的总数,程序会自动完成此功能,一般不用运行此菜单。

③ 网点编辑:包括平移网点、删除节点、删除网格和删除轴线,端节点的删除将导致与

之联系的网格和已布置的构件也被删除,需谨慎使用。

④ 轴线命名:网点生成之后为轴线命名的菜单,在此输入的轴线名将在施工图中使用,而不在本菜单中进行标注。

⑤ 网点查询:查询网点坐标。

⑥ 网点显示:形成网点之后,在每条网格上显示编号和长度。

⑦ 节点距离:针对有些工程规模很大或带有半径很大的圆弧轴线,"形成网点"菜单会产生一些误差而引起网点混乱,需将靠近的网点进行归并,程序要求输入一个归并间距,一般取 50 mm 即可。

⑧ 节点对齐:将凡是间距小于归并间距的节点视为同一节点进行归并。

⑨ 上节点高:所选节点高出相对于楼层高的高差,默认为上节点高为 0,此菜单可处理楼面高度有变化的坡屋面。

⑩ 清理网点:清除本层平面上没有布置构件的网格和节点。

图 2-7　"网格生成"
子菜单

(4)楼层定义

"楼层定义"的子菜单如图 2-8 所示。

本菜单依照从上到下的次序建立各结构标准层。所谓结构标准层,是把结构几何特征(楼面上的水平构件如主梁、次梁等,及支撑该楼面的竖向构件如柱、墙等)相同且相邻的楼层用一个标准层来代表(层高可不同)。所有节点位置都可以安插标准柱,所有网格处都可以安插标准梁、墙和洞口。

① 柱布置

选择"楼层定义"下"柱布置",屏幕弹出如图 2-9 所示的"柱截面列表"对话框,可以进行柱的截面定义、修改、布置等操作。

图 2-8　"楼层定义"子菜单

图 2-9　"柱截面列表"对话框

a. 柱截面定义

单击"新建"按钮,弹出如图 2-10 所示的"标准柱参数"对话框。可以单击"截面类型"按钮,弹出"截面类型选择"对话框,如图 2-11 所示,用户可以选择需要的截面类型。本例定义边长为 600 mm 的方形柱。

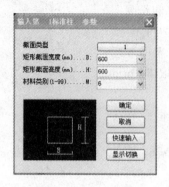

图 2-10 "标准柱参数"对话框

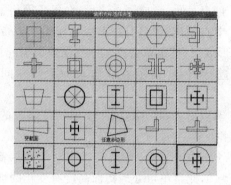

图 2-11 "截面类型选择"对话框

b. 柱布置

选中一种柱(变为蓝色)后,单击"布置"按钮,弹出如图 2-12 所示对话框,可以输入偏心信息和布置方式。本例采用无偏心、窗口布置方式。

② 主梁布置

选择"楼层定义"下"主梁布置",屏幕弹出如图 2-13 所示的"梁截面列表"对话框,可以进行梁的截面定义、修改、布置等操作。

图 2-12 "柱布置"对话框

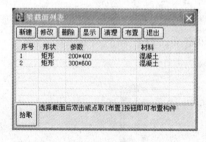

图 2-13 "梁截面列表"对话框

a. 梁截面定义

单击"新建"按钮,弹出如图 2-14 所示的"标准梁参数"对话框。可以单击"截面类型"按钮,弹出"截面类型选择"对话框,用户可以选择需要的截面类型。本例定义截面为 200 mm×400 mm 和 300 mm×600 mm 的两种矩形梁。

b. 主梁布置

选中一种梁(变为蓝色)后,单击"布置"按钮,弹出如图 2-15 所示的"梁布置"对话框,可以输入偏轴信息、梁顶标高和布置方式。本例采用无偏轴、轴线和光标相结合的布置方式。

③ 墙体布置

PMCAD中只布置承重墙和抗侧力墙,框架结构的填充墙不布置,作为荷载输入。墙体布置方式和梁、柱的布置相同。本例全为填充墙,所以不布置墙体。

　④ 次梁布置

　PMCAD 中次梁一般在第二项菜单中布置。因结构不大,所有梁均按主梁布置,所以本例无次梁。

图 2-14　"标准梁参数"对话框

图 2-15　"梁布置"对话框

　布置完成的结构平面图如图 2-16 所示。

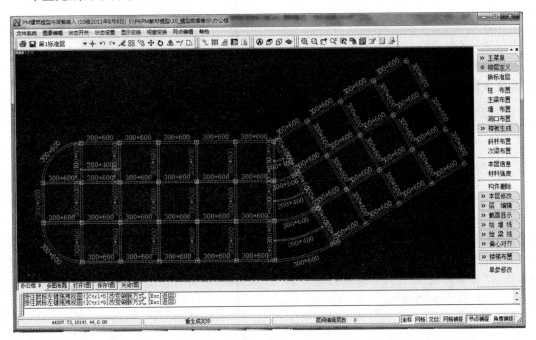

图 2-16　梁、柱布置示意图

　⑤ 本层信息

　选择"本层信息"菜单,在弹出的"本标准层信息"对话框中,修改梁、板、柱混凝土强度等级为 C30,层高为 3 600 mm,板厚为 150 mm,如图 2-17 所示。选择"确定"按钮,返回到右侧菜单。

　⑥ 楼板生成

　单击"楼板生成"按钮,弹出"楼板生成"子菜单,如图 2-18 所示。选择"楼板生成"可自动布置房间楼板,可进行其他修改操作,如修改局部房间板厚、楼板错层、全房间洞、布悬挑板等。

图 2-17 "本标准层信息"对话框　　　　图 2-18 "楼板生成"子菜单

楼板错层:当卫生间、厨房等房间需要降低楼板高度时,选择楼板错层,可修改房间楼板高度位置(图 2-19)。

修改板厚:当个别房间楼板厚度与本层信息中的楼板厚度不一致时,点击选择房间,指定特殊板厚,如图 2-20 所示。本例中将楼梯间板厚设为 0。

图 2-19 "楼板错层"对话框　　　　图 2-20 "修改板厚"对话框

全房间洞:用于电梯间等全房间开洞的位置。

布悬挑板:2010 版 PKPM 允许用户布置任意宽度的矩形悬挑板和自定义多边形悬挑板,选择"布悬挑板"后,弹出"悬挑板截面列表"对话框,可进行悬挑板的新建、修改、布置等操作,与梁、柱布置相同。

⑦ **楼梯布置**

选择"楼梯布置"按钮,弹出"楼梯布置"子菜单,如图 2-21所示,可进行楼梯布置、修改、删除等操作。

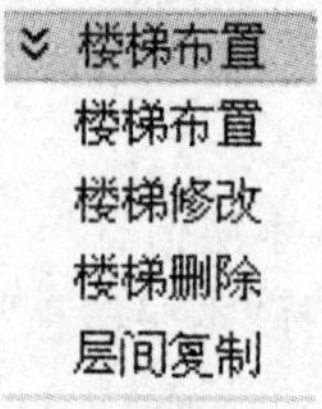

单击"楼梯布置",选择需要布置楼梯的房间后,弹出"楼梯布置"对话框,如图 2-22 所示。此对话框可进行楼梯的类型、踏步、梯段宽度、平台宽度的选择等操作,单击"选择楼梯类型"按钮,可选择两跑、三跑等楼梯类型,如图 2-23 所示。踏步计算单元设计可进行踏步宽和踏步高的选择以及根据本层信息中的层高计算踏步总数,布置位置设定可根据起始节点选择定义。

图 2-21 "楼梯布置"
子菜单

单击"楼梯修改"按钮,可进行上述楼梯布置中的所有参数的修改,通过选择已经布置的楼梯进行修改,选择方式与布置楼梯相同,通过点选进行。

单击"楼梯删除"按钮,可删除已经布置好的楼梯。注意:首先要选择删除的构件,与梁、柱等构件的删除相同。

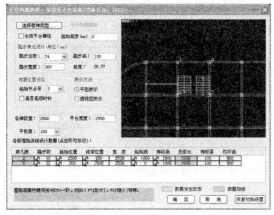

图 2 - 22　"楼梯布置"对话框

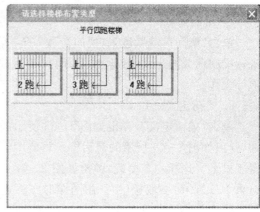

图 2 - 23　"楼梯类型选择"对话框

(5) 荷载输入

结构标准层定义完毕后,再次点击"楼层定义"按钮返回主菜单,选择"荷载输入"进入荷载输入子菜单,如图 2 - 24 所示。单击"恒活设置"进入"荷载定义"对话框,如图 2 - 25 所示,定义楼面恒载和活载以及是否自动计算现浇楼板自重。一般情况下,勾选该选项,则程序在后续计算中自动计算活荷载和现浇楼板自重。完成后,程序自动布置所有房间的恒荷载和活荷载。

图 2 - 24　"荷载输入"子菜单　　　图 2 - 25　"荷载定义"对话框

① 楼面荷载

单击"楼面荷载"菜单,进入"楼面荷载修改"子菜单,可修改楼梯间、走道等个别房间的楼面恒载和活载。修改方式为点击需要修改的房间,输入修改后的荷载值,如图 2 - 26 所示。

图 2-26　"恒载、活载修改"对话框

② 梁间荷载

单击"梁间荷载",进入"梁间荷载"子菜单,如图 2-27 所示。可进行梁间荷载的定义,数据开关,恒载和活载的输入、修改、显示、删除等操作。

a. 梁荷定义

单击"梁荷定义",弹出如图 2-28 所示的对话框。单击"添加"按钮,弹出如图 2-29 所示的对话框。本例中将隔墙自重按均布荷载布置于梁上。选择均布荷载,弹出如图 2-30 所示的对话框,输入墙体自重 10 kN/m(一般楼层)。用同样的方法定义数值为 6.5 kN/m 的开口较大的墙体自重以及 3.5 kN/m 的均布荷载(顶层女儿墙自重)。

b. 梁荷布置

单击"恒载输入",弹出已经定义好的荷载对话框,如图 2-28 所示。选择第一种荷载(变为蓝色),单击"布置"按钮,用光标点取需要布置荷载的梁段即可完成,第二种荷载布置方法相同。

右侧菜单:

> 梁间荷载
　梁荷定义
　数据开关

　恒载输入
　恒载修改
　恒载显示
　恒载删除
　恒载拷贝

　活载输入
　活载修改
　活载显示
　活载删除
　活载拷贝

图 2-27　"梁间荷载"子菜单

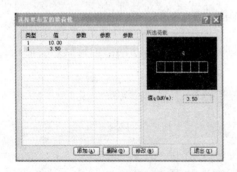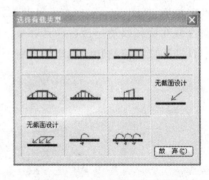

图 2-28　"荷载定义"对话框　　　　　图 2-29　"荷载类型"选择框

单击"数据开关",弹出如图 2-31 所示的对话框,可选择是否显示荷载的数值大小以及定义字高和字宽,本例勾选"数据显示",单击"恒载显示"显示布置完成后的荷载示意如图 2-32 所示。

梁间荷载子菜单中还包括梁间活载的定义,其功能和操作与梁间恒载相同,本例不布置梁间活载。

(6)楼层组装

楼层组装之前先要定义好所有的楼层标准层,上述步骤完成了第一标准层的定义。单击如图 2-33 所示下拉菜单中的"添加新标准层"选项,弹出如图 2-34 所示"选择/添加标准层"对话框,选择局部复制,选择左侧 1 至 7 号轴线范围内所有构件,定义第二标准层。选择"楼层定义"子菜单中的本层信息,修改层高为 3 300 mm,并将该层所有梁间荷载更改为 3.5 kN/m(女儿墙荷载)。

图 2-30　"荷载参数"对话框

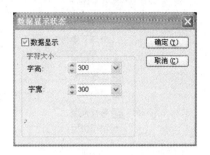

图 2-31　"数据显示"对话框

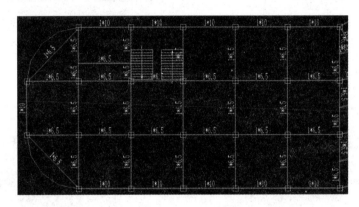

图 2-32　"梁间恒载布置"示意图(局部)

　　选择"楼层组装"弹出楼层组装子菜单,如图 2-35 所示,可以按标准层进行楼层组装并查看整装模型。点击"楼层组装"弹出"楼层组装"对话框,如图 2-36 所示,选择需要复制的标准层以及复制的层数,然后单击"增加"按钮,在右侧"组装结果"中可以查看楼层组装结果。本例将标准层 1 复制三次,层高均为 3 600 mm;标准层 2 复制一次,层高为 3 300 mm。此时,就把已经定义的结构标准层组装成一栋实际的建筑物。点击"整楼模型",弹出"组装方案"对话框,如图 2-37 所示,选择"重新组装",单击"确定"按钮,完成楼层整装。楼层组装完成示意图如图2-38所示。

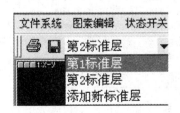

图 2-33　"添加新标准层"对话框

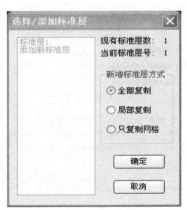

图 2-34　"选择/添加标准层"对话框

图 2-35 "楼层组装"子菜单   图 2-36 "楼层组装"对话框

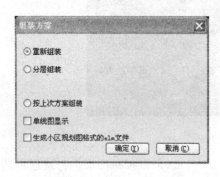

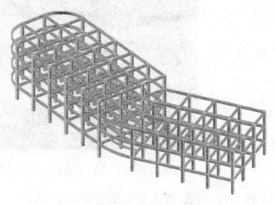

图 2-37 "组装方案"对话框   图 2-38 楼层组装完成示意图

（7）设计参数

组装好后，选择主菜单中"设计参数"菜单项，弹出如图 2-39～图 2-43 所示的设计参数选项卡，以此进行总信息、材料信息、地震信息、风荷载信息和钢筋信息的定义。用户根据工程需要相应修改，按"确定"按钮。

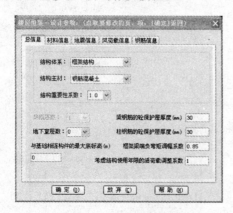

图 2-39 "总信息"选项卡   图 2-40 "材料信息"选项卡

图 2-41　"地震信息"选项卡　　图 2-42　"风荷载信息"选项卡　　图 2-43　"钢筋信息"选项卡

（8）退出

选择主菜单中"保存"按钮,保存上述所有操作,点击"退出",弹出如图 2-44 所示的选择框。选择"存盘退出"按钮,弹出如图 2-45 所示的对话框。按照图示选择选中选项后,按"确定"按钮,程序自动完成清理无用的网格和节点、检查模型数据、计算荷载传导等步骤。

如果建模时进行了楼梯布置,模型退出时可勾选"楼梯自动转换为梁（数据在 LT 目录下）"选项,程序在 LT 文件夹中生成模型数据,并自动将每一跑楼梯板和其上、下相连的平台板转化成一段折梁,在中间休息平台处增设层间梁。原有工作子目录中的模型将不考虑模型中的楼梯布置的作用,其计算与往常相同。而在 LT 子目录下的模型中,楼梯已转化为折梁杆件,转换楼梯后的计算模型将楼梯间处原来的一个房间划分为三个房间,该模型可进一步修改。在 LT 子目录下做 SATWE 等的结构计算时,可以考虑楼梯的作用。

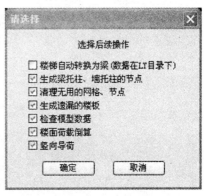

图 2-44　"退出"提示框　　　　　　　　　图 2-45　"退出方式"选择框

3. 平面荷载显示校核

选择如图 2-3 所示 PMCAD 主菜单右侧的第 2 项:平面荷载显示校核。双击进入,右侧显示荷载校核子菜单,可选择显示的楼层、荷载等。注意:此时显示的荷载为进行荷载竖向传导之后的荷载。图 2-46 为第一层梁荷载平面图。图中括号内为楼面活荷载导荷到梁上的线荷载,括号外的荷载分别为楼面恒载导荷到梁上的线荷载以及交互输入的梁线荷载。

4. 画结构平面施工图

选择如图 2-3 所示 PMCAD 主菜单右侧的第 3 项:画结构平面图。双击进入,直接进入第一层结构平面图的绘制,主菜单如图 2-47 所示。

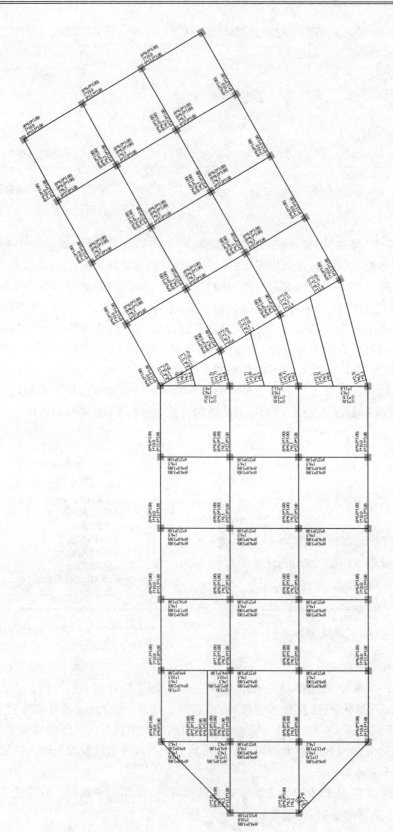

图 2 - 46　第一层梁、墙、柱节点荷载平面图

(1)参数定义

选择"计算参数",可以进行配筋、绘图、人防等级、人防荷载等参数的定义。

① 配筋参数

选择"配筋参数",弹出如图 2-48、2-49 所示的对话框,用户可以根据工程需要修改其中的参数,修改后按"确定"按钮;否则,修改无效。本例采用默认值。

图 2-47　"板施工图"
主菜单

图 2-48　配筋计算参数

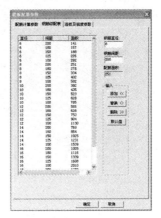

图 2-49　钢筋级配表

② 绘图参数

选择"绘图参数",弹出如图 2-50 所示的对话框。用户可以根据工程需要修改其中的参数,修改后按"确定"按钮;否则,修改无效。本例"钢筋编号"设为"不编号",其余参数采用默认值。

(2)楼板计算

选择"楼板计算",其子菜单如图 2-51 所示,可以进行边界条件的修改、连板参数输入和计算、房间编号、各房间的内力图、生成板的计算书等操作。如图 2-52、图 2-53 所示为本工程实例第一层板的计算弯矩图和配筋图。

图 2-50　绘图参数

图 2-51　"楼板计算"子菜单

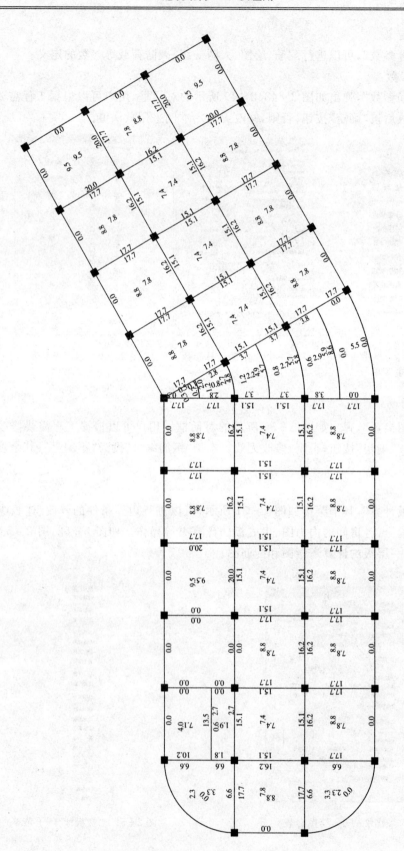

图 2 - 52　第一层现浇板弯矩图

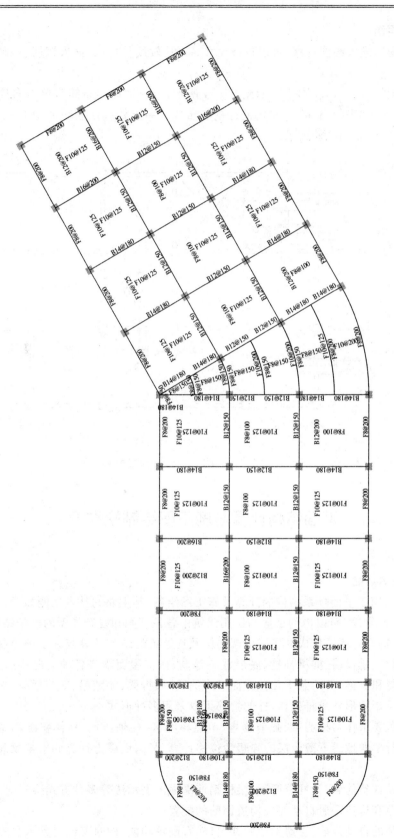

图 2-53　第一层现浇板配筋图

（3）绘制平面图

单击"绘新图"，进入绘图程序，可以进行尺寸、字符、轴线等标注、插入钢筋表、画楼板剖面等操作。

单击"楼板钢筋"，进入其子菜单，如图 2-54 所示。选择"逐间布筋"，单击布筋的房间即可完成。也可采用"房间归并"的方式进行钢筋布置。一层楼板配筋图如图 2-55 所示，图为采用了人工归并后的配筋结果。

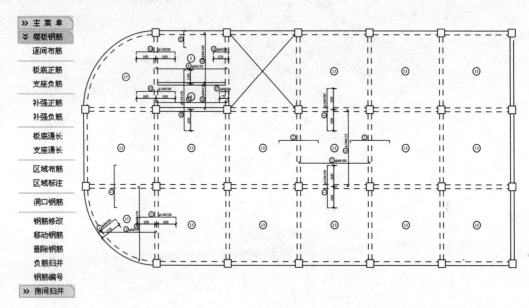

图 2-54　"楼板钢筋"子菜单　　　　　　　图 2-55　一层楼板配筋图（局部）

2.3　平面结构计算与施工图绘制软件 PK

2.3.1　PK 的基本功能

PK 软件主要用于平面杆系结构的计算及施工图绘制，其主要的基本功能如下：

（1）适用于 20 层、20 跨以内的工业与民用建筑中各种规则和复杂类型的框架结构、框排架结构、排架结构、剪力墙简化成的壁式框架结构及连续梁的结构计算与施工图绘制。可处理梁柱正交或斜交、梁错层、抽梁抽柱、底层柱不等高、铰接屋面梁等各种情况；可在任意位置设置挑梁、牛腿和次梁；可绘制十几种截面形式的梁，如折梁、加腋梁、变截面梁、矩形和工字形梁等；还可绘制圆形柱或排架柱，柱的箍筋可以采用多种形式。

（2）按新规范要求作强柱弱梁、强剪弱弯、节点核心区、柱轴压比、柱体积配箍率的计算与验算，还可进行罕遇地震下薄弱层的弹塑性位移计算、竖向地震力计算和框架梁裂缝宽度计算。

（3）可按照梁柱整体画、梁柱分开画、梁柱钢筋平面图表示法等多种方式绘制施工图。

（4）按新规范和构造手册自动完成构造钢筋的配置。

（5）具有很强的自动选筋、层跨剖面归并、自动布图等功能，同时又给设计人员提供多种方式干预选钢筋、布图、构造筋等施工图绘制结果。

（6）在中文菜单提示下,提供丰富的计算简图及结果图形,提供模板图及钢筋材料表。

（7）可与 PMCAD 软件联接,自动导荷并生成结构计算所需的数据文件。

（8）可与三维分析软件 TAT、SATWE 接口,绘制 100 层以下高层建筑的梁柱图。

选择主菜单中 PK 选项,显示如图 2-56 所示的 PK 主菜单。PK 各项主菜单的操作可概括为三个部分:一是计算模型输入;二是结构计算;三是施工图设计。下面对三个部分实现的基本功能进行简单介绍:

图 2-56　PK 主菜单

1. 计算模型输入

执行 PK 时,首先要输入结构的计算模型,在 PKPM 软件中,有两种方式形成 PK 的计算模型文件。

一种是通过 PK 主菜单 l 数据交互输入和数检来实现结构模型的人机交互输入。进行模型输入时,可采用直接输入数据文件形式,也可采用人机交互输入方式。一般采用人机交互方式,由用户直接在屏幕上勾画框架、连梁的外形尺寸,布置相应的截面和荷载,填写相关计算参数后完成。人机交互建模后生成描述该结构的文本式数据文件。

另一种是利用 PMCAD 软件,从已建立的整体空间模型直接生成任一轴线框架或任一连续梁结构的结构计算数据文件,从而省略人工准备框架计算数据的大量工作。PMCAD 生成数据文件后,还要利用 PK 主菜单 1 进一步补充绘图数据文件的内容,主要有柱对轴线的偏心、柱轴线号、框架梁上的次梁布置信息和连续梁的支座状况等信息。

PMCAD 还可生成底框上砖房结构中底层框架的计算数据文件,该文件中包含上部各层砖房传来的恒活荷载和整栋结构抗震分析后传递分配到该底框的水平地震力和垂直地震力。由 PK 再接力完成该底框的结构计算和绘图。

2. 结构计算

计算模型输入完毕后,运行"计算",程序自动进行一般框架、排架、连续梁的结构计算。

3. 施工图设计

根据主菜单 1 的计算结果,就可以进行施工图绘制了,即施工图设计部分。在 PK 软件中,提供了多种方式来进行施工图设计,主要有:PK 主菜单 2 实现框架梁柱整体施工图绘

制;PK 主菜单 3 实现排架柱施工图绘制;PK 主菜单 4 实现连续梁施工图绘制;PK 主菜单
5、6 适用于框架的梁和柱分开绘图情况;PK 主菜单 7、8 适用于按梁柱表画图方式。

2.3.2　PK 的基本使用方法和设计实例

仍采用 2.3.3 节的设计实例介绍 PK 的基本使用方法。

1. 由 PMCAD 主菜单 4 形成 PK 文件

对较规则的框架结构,其框架和连续梁的配筋计算及施工图绘制可用 PK 软件来完成,
而 PK 计算所需的数据文件可直接通过 PMCAD 主菜单 4 生成。执行 PMCAD 主菜单 4 形
成 PK 文件,如图 2-57 所示。选择"应用"后,屏幕弹出如图 2-58 所示的"形成 PK 文件"
启动界面。

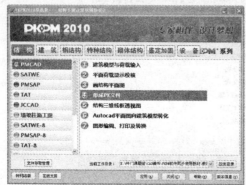

图 2-57　PMCAD 形成 PK 文件

图 2-58　"形成 PK 文件"启动界面

程序提供了三种由 PMCAD 形成 PK 数据文件的方式,即框架生成、砖混底框和连梁生
成,以下主要介绍框架生成的操作。

如选择"框架生成",屏幕首先显示 PMCAD 建模生成的结构布置图,如图 2-59 所示为
形成 PK 文件界面。

右侧对应有"风荷载"和"文件名称"两个选项。

选择"风荷载"选项,将弹出如图 2-60 所示的"风荷载信息"对话框,用于输入风荷载的
有关信息。将风荷载计算标志设置为 1 后,图 2-59 中风荷载下的"红×"将变为"红√"。

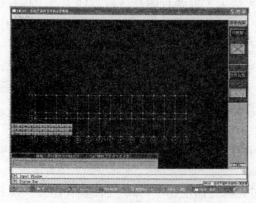

图 2-59　PK 模块进入界面

图 2-60　"风荷载信息"对话框

选择"文件名称"项,可以输入指定的文件名称,缺省生成的数据文件名称为 PK *, * 表示轴线号。

在程序"输入要计算框架的轴线号"提示下,输入要生成框架所在的轴线号,如此处要生成第 3 号轴线框架的数据文件,输入"3",程序自动返回如图 2-58 所示的菜单,单击"结束"按钮,屏幕上就会依次出现 3 号轴线框架的立面和恒活荷载简图。也可按 Tab 键转换为节点方式,选择要转换的框架。可连续生成多榀框架,全部生成完后,选择"结束"退出,进入 PK 数据检查,数据检查菜单如图 2-61 所示。可检查框架立面图、恒载图、活载图、左右风载图等荷载简图。如图 2-62 和图 2-63 所示分别为框架立面简图和恒载简图。

主 菜 单
- 框架立面
- 恒 载 图
- 活 载 图
- 左 风 载
- 右 风 载
- 吊车荷载
- 地 震 力
- 退　出

图 2-61　PK 数据
检查菜单

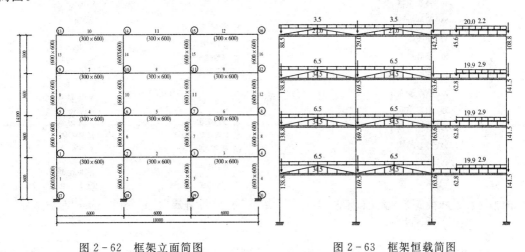

图 2-62　框架立面简图　　　　　　　　　　图 2-63　框架恒载简图

下面简单介绍 PK 模块进行数据交互输入和计算。选择 PK 模块第一项"PK 数据交互输入和计算",双击进入,弹出如图 2-64 所示的对话框,选择"打开已有数据文件",弹出图 2-65 对话框,选择由 PMCAD 模块生成的 PK3.sj 文件。点击主菜单中的"计算"弹出计算结果文件命名对话框,如图 2-66 所示。主菜单如图 2-67 所示,主菜单可以检查荷载输入是否正确。输入 pk3.out,表示为 PK3 框架的计算结果,点击"确定"完成计算,同时弹出配筋包络图。"计算"子菜单下可以查看所有荷载工况下的计算结果,包括弯矩包络、剪力包络、轴力包络和配筋包络图等以及恒载和活载分别作用下上述内力包络图,如图 2-68 所示。

图 2-64　"PK 数据交互输入"
对话框

图 2-65　"打开已有数据文件"
对话框

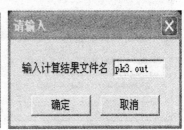

图 2-66　"计算结果文件命名"
对话框

2. 框架绘图

计算完成后,执行主菜单第 2 项"框架绘图"进行整体框架绘图。框架绘图的主菜单如图 2-69 所示。可以进行修改参数、查看梁柱及节点的纵筋和箍筋、裂缝和挠度计算、绘制施工图等操作。

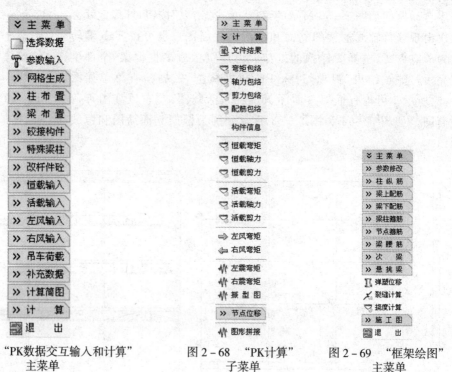

图 2-67 "PK 数据交互输入和计算"
主菜单

图 2-68 "PK 计算"
子菜单

图 2-69 "框架绘图"
主菜单

(1)参数修改:其中的参数输入共有四页,分别为归并放大、绘图参数、钢筋信息、补充输入,主要完成选筋、绘图参数的设置。图 2-70 和图 2-71 分别为"绘图参数"和"钢筋信息"对话框。

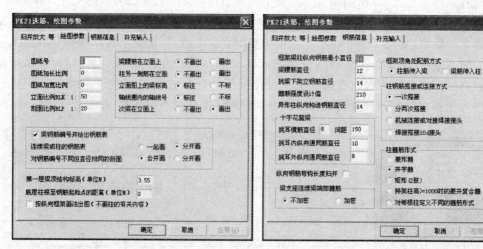

图 2-70 "绘图参数"对话框　　　　　　图 2-71 "钢筋信息"对话框

（2）柱纵筋：本菜单可分别对柱平面内和平面外的钢筋进行审核及修改，如采用对话框，点取某一根柱后，屏幕上弹出该柱剖面图，对话框左边是钢筋的直径、根数等参数供用户直接修改。

（3）梁上配筋：修改梁支座及梁上部的钢筋。

（4）梁下配筋：修改梁下部的钢筋。

（5）梁柱箍筋：可修改梁与柱箍筋的配置。

（6）节点箍筋：修改柱上节点区的箍筋，此菜单仅在一、二级抗震时才起作用。

（7）梁腰筋：参考《混凝土结构设计规范》GB50010－2010 的条文规定，在梁侧面配置纵向构造钢筋。

（8）次梁：用户可通过此菜单查改次梁集中力及次梁下的吊筋配置。

（9）悬挑梁：修改悬挑梁的参数，可把悬挑梁转变成端支撑梁，或把端支撑梁改成悬挑梁。

（10）弹塑性位移：此菜单在地震烈度 7～9 时起作用，完成框架在罕遇地震下的弹塑性位移计算。

（11）裂缝计算：考虑恒载、活载、风载标准值的组合，按照混凝土规范公式计算，给出最大裂缝宽度图。

（12）挠度计算：按照混凝土规范条文规定做梁的挠度计算，修改梁的上下钢筋和改变挠度值。

施工图：程序在这里给出每根梁详细的钢筋构造，归并钢筋生成钢筋表，合并剖面计算出总剖面数，合并相同的层和跨，调整图面布置。

选择主菜单中的"施工图"，进入施工图绘制，绘制完成 PK3 平面框架施工图，如图 2－72 所示。

3. 排架柱绘图

此菜单包括吊装验算、修改牛腿、修改钢筋和施工图子菜单。

排架柱要正确绘制的条件：必须布置吊车荷载；柱上端必须布置两端铰接的梁，否则程序不执行排架柱绘图程序。

在修改牛腿信息时，需要注意以下几点信息：

（1）顶面与节点的高差：牛腿顶面与柱上吊车布置节点的高差，向上为正。

（2）伸出长度：牛腿从柱边挑出长度。

（3）根部截面高度：牛腿截面高度。

（4）外端截面高度：牛腿端部高度。

（5）竖向荷载设计值：作用于牛腿顶部的竖向力设计值。

（6）竖向力的作用位置：竖向力离柱边的距离。

（7）水平设计荷载：作用于牛腿顶部的水平力设计值。

（8）吊车梁截面高度：牛腿上吊车梁高。

4. 连续梁绘图

由 PKPM 主菜单 4 生成的单根或多根连续梁的数据文件经 PK 主菜单 1 计算后，再用此菜单绘制连续梁施工图。生成连续梁数据时，注意对于梁支撑处支座的模型，要确认它是在支座还是在非支座，这一点对计算绘图影响很大。

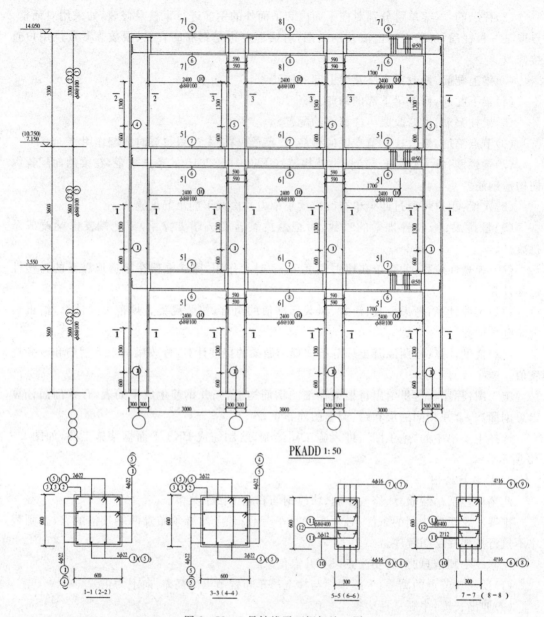

图 2-72　3 号轴线平面框架施工图

(1)首先给出绘图数据文件名,程序进入菜单后,读取最后一次计算的"结构计算结果",进入交互式输入绘图数据。

(2)同框架整体绘图,进行交互输入。

(3)程序提示选择连续梁组,选择后进入连续梁绘图。

(4)生成连续梁施工图。生成连续梁的施工图,可进行图形编辑。也可转换为 AutoCAD文件,用 AutoCAD 修改。

如图 2-73 所示为第三层三跨连续梁施工图。

5. 梁(表)、柱(表)施工图

主菜单 2 是按整榀框架出施工图,而整体出图时,如层间高度太小会造成尺寸重叠,这时可以改用主菜单 5、6 把框架柱和框架梁分开画。另外，画梁、柱施工图软件的研发参照了广东等地区的施工图表达方式，一张梁、柱表施工图一般分为 A、B 两部分。A 部分是固定的图形文件，每次运行时，程序根据要求自动调入图例说明文件，B 部分是由程序运行后产生的 CFG 图形文件。

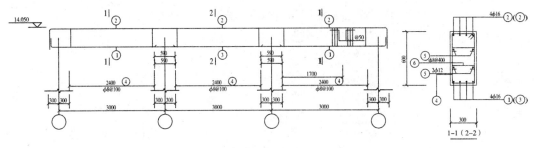

图 2-73　连续梁施工图

2.4　空间有限元分析与设计软件 SATWE

2.4.1　SATWE 的基本功能

SATWE 是专门为多、高层建筑结构设计和分析而研制的空间组合结构有限元分析软件，该程序较好地解决了剪力墙和楼板的模型化问题，对荷载分布不均匀、存在框支剪力墙或剪力墙布置变化较大、剪力墙墙肢间连接复杂、有楼板局部开大洞口及特殊楼板等各种复杂结构的分析可取得比较满意的结果。SATWE-8 只适用于不高于 8 层的建筑结构。

2.4.2　SATWE 的基本使用方法和设计实例

采用 2.3.3 节设计实例讲述利用 SATWE 来分析较简单的框架结构的方法。

1. 接 PMCAD 生成 SATWE 数据

选择接 PM 生成 SATWE 数据，如图 2-74 所示。接 PMCAD 生成 SATWE 数据是 SATWE 的前处理项，主要处理项如图 2-75 所示。

图 2-74　接 PM 生成 SATWE 数据

图 2-75　SATWE 前处理

（1）分析与设计参数补充定义

选择第 1 项"分析与设计参数补充定义（必须执行）"进行参数设置。

① SATWE 总信息

选择"总信息"，进行总信息参数设置，如图 2-76 所示。

图 2-76　总信息

a. 结构材料信息：按主体结构材料选择"钢筋混凝土结构"。

b. 混凝土容重（kN/m³）：Gc＝27。一般框架取 26～27，剪力墙取 27～28，在这里输入的混凝土容重包含饰面材料。

c. 钢材容重（kN/m³）：Gs＝78。当考虑饰面材料重量时，应适当增加数值。

d. 水平力的夹角（Rad）：ARF＝0。一般取 0 度，地震力、风力作用方向逆时针为正。当结构分析所得的"地震作用最大的方向"大于 15 度时，宜按照计算角度输入进行验算。

e. 地下室层数：定义与上部结构整体分析的地下室层数，无则填 0。

f. 竖向荷载计算信息：多层建筑可选择"一次性加载"；一般高层建筑可选择"模拟施工加载 1"；高层框剪结构在进行上部结构计算时选择"模拟施工加载 1"，但在计算上部结构传递给基础的力时应选择"模拟施工加载 2"。

模拟施工方法 1 加载：就是按一般的模拟施工方法加载，对高层结构，一般都采用这种方法计算。但是对于"框剪结构"，采用这种方法计算出的传给基础的内力中剪力墙下的内力特别大，使得其下面的基础难以设计。于是就有了下一种竖向荷载加载法。

模拟施工方法 2 加载：这是在"模拟施工方法 1"的基础上将竖向构件（柱、墙）的刚度增大 10 倍的情况下再进行结构的内力计算，也就是再按"模拟施工方法 1"加载的情况下进行计算。采用这种方法计算出的传给基础的力比较均匀合理，可以避免墙的轴力远远大于柱的轴力的不合理情况。由于竖向构件的刚度放大，使得水平梁两端的竖向位移差减少，从而其剪力减少，这样就削弱了楼面荷载因刚度不均而导致的内力重分配，所以这种方法更接近手工计算。

g. 风荷载计算信息：计算 X、Y 两个方向的风荷载，选择"计算风荷载"，此时地下室外墙不产生风荷载。

h. 地震力计算信息：计算 X、Y 两个方向的地震力，抗震设计时选择"计算水平地震力"；

8 度、9 度大跨和长悬臂及 9 度的高层建筑,应选"计算水平和竖向地震力"。

i. 特殊荷载计算信息:一般情况下不考虑。

j. 结构类别:本例为"框架结构",其他工程按照所采用的结构体系填写。

k. 裙房层数:MANNEX＝0。定义裙房层数,无裙房时填 0。

l. 转换层所在层号:MCHANGE＝0。定义转换层所在层号,便于内力调整,无则填 0。

m. 墙元细分最大控制长度(m):Dmax＝2.0。一般工程取 2.0,框支剪力墙取 1.5 或 1.0。

n. 墙元侧向节点信息:一般工程宜选择"内部节点","出口节点"精度高于"内部节点",但非常耗时。

o. 是否对全楼强制采用刚性楼板假定:计算位移比与层刚度比时选"是",计算内力与配筋及其他内容时选"否"。

② 风荷载信息

选择"风荷载信息",进行风荷载参数设置,如图 2-77 所示。

a. 修正后的基本风压(kN/m²):W₀＝0.35。一般取 50 年一遇(n＝50);对于对风荷载敏感的和体形复杂的结构要取 100 年一遇(n＝100)。

b. 地面粗糙程度:建筑密集城市市区选 C 类,乡镇、市郊等选 B 类,海岸选 A 类,如果建筑密集城市市区且房屋较高选 D 类。

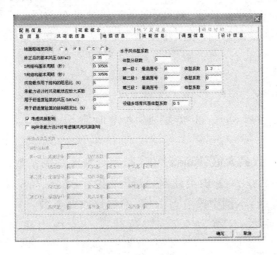

图 2-77　风荷载信息

c. 结构基本周期(s):初步计算宜取程序默认值,待程序计算出结构的基本周期后,再代回重新计算。

d. 体型变化分段数:MPART＝1。定义结构体型变化分段,体型无变化填 1。

e. 各段最高层号:NSTᵢ＝4。按各分段内各层的最高层层号填写。

f. 各段体型系数:Usi＝1.30。高宽比不大于 4 的矩形、方形、十字形平面取 1.3。

③ 地震信息

选择"地震信息",进行地震信息参数设置,如图 2-78 所示。

图 2-78　地震信息

a. 结构规则性信息：选择"规则"，不规则结构选择"不规则"。

b. 扭转耦联信息：振型叠加的 CQC 组合为耦联算法，SRSS 组合为非耦联算法。一般地震力计算都采用 CQC 方法，因此多高层建筑宜选择"耦联"，多层选择"耦联"后不必增大边榀地震内力。

c. 计算振型数：NMODE=15。"耦联"取 3 的倍数且小于等于 3 倍层数，"非耦联"小于等于层数，并且参与计算振型的"有效质量系数"大于等于 90%。

d. 地震烈度：NAF=7。

e. 场地类别：KD=2。

f. 设计地震分组："第一组"。

g. 特征周期：Tg = 0.35s。Ⅱ类场地设计地震分组一、二、三组分别取 0.35s、0.40s、0.45s。

h. 多遇地震影响系数最大值：Rmax=0.08；罕遇地震影响系数最大值：Rmax=0.50。

i. 框架的抗震等级：N_F=3。丙类建筑，设防烈度为 7 度且高度小于等于 30m，取 3。

j. 剪力墙的抗震等级：本例中没有剪力墙，不需修改此参数。

k. 活荷质量折减系数：RMC=0.5。雪荷载及一般民用建筑楼面等效均布活荷载取 0.5。

l. 周期折减系数：CT=0.75。框架结构填充墙较多取 0.6～0.7，填充墙较少取 0.7～0.8；框剪结构填充墙较多取 0.7～0.8，填充墙较少取 0.8～0.9；剪力墙结构填充墙较多取 0.9～1.0，填充墙较少取 1。

m. 结构的阻尼比（%）：DAMP=5.00。钢筋混凝土结构一般取 0.05，高层钢结构取 0.02（层数多于 12 层）、0.035（层数不多于 12 层），门式轻型钢结构取 0.05，组合结构取 0.04。

n. 是否考虑偶然偏心：多层结构可选"否"。规则多层若同时选择"非耦联"，应按我国抗震规范需求增大边榀地震内力。

o. 是否考虑双向地震作用：多层建筑一般按单向地震计算，即不考虑"双向地震"。高层建筑（平面或者竖向不规则）一般直接选择"双向地震"。

p. 斜交抗侧力构件方向的附加地震数:填 0。斜交角度大于 15 度时应输入计算。

④ 活载信息

选择"活载信息",进行活载信息参数设置,如图 2-79 所示。

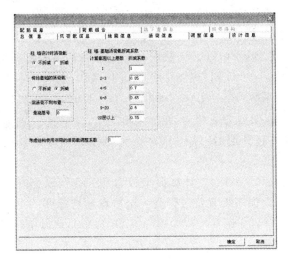

图 2-79　活荷载信息

a. 柱、墙活荷载是否折减:可选"不折减"。在 PM 建模不折减时,此处宜选"折减"。

b. 传到基础的活荷载是否折减:"不折减"。在 PM 建模不折减时,此处宜选"折减"。

c. 柱、墙、基础活荷载折减系数:参见建筑结构《荷载规范》。

⑤ 调整信息

选择"调整信息",进行调整信息参数设置,如图 2-80 所示。

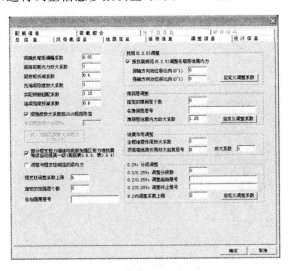

图 2-80　调整信息

a. 中梁刚度增大系数:现浇楼盖和装配整体式楼盖中,梁的刚度可考虑翼缘的作用予以增大,近似考虑时,楼面梁刚度增大系数可根据翼缘情况取 1.3~2.0 之间。SATWE 提供了按 2010 规范取值的选项,勾选此项后,程序将根据混凝土规范 5.2.4 条的表格,自动计算每根梁的楼板有效翼缘宽度,按照 T 形截面与梁截面的刚度比例,确定每根梁的刚度放大系数。对于无现浇面层的装配式楼盖,不宜考虑楼面梁刚度的放大。

b. 梁端弯矩调幅系数:BT＝0.85。现浇框架梁 0.8～0.9;装配整体式框架梁 0.7～0.8。调幅后,程序按平衡条件将梁跨中弯矩相应增大。

c. 梁设计弯矩增大系数:B_M＝1.1。取值 1.0～1.3,已考虑活荷载不利布置时,宜取 1.0。连梁刚度折减系数:B_{LZ}＝0.70。一般取 0.7;位移由风载控制时应大于等于 0.8。

d. 梁扭矩折减系数:T_B＝0.4。现浇楼板取 0.4～1.0,宜取 0.4;装配式楼板取 1.0。

e. 全楼地震力放大系数:R_{SF}＝1.00。取值 0.85～1.00,一般取 1.00。

f. 0.2Q_0调整:用于框架剪力墙结构,纯框架填"0"。

g. 顶塔楼内力放大起算层号:N_{TL}＝0。按突出屋面部分最低层层号填写,无顶塔楼填 0。

h. 顶塔楼内力放大:R_{TL}＝1.0。计算振型数为 9～15 及以上时,宜取 1.0(不调整);计算振型数为 3 时,取 1.5。顶塔楼宜每层作为一个质点参与计算。

i. 是否按抗震规范 5.2.5 调整楼层地震力:IAUTO525＝1,用于调整剪重比,抗震设计时选择调整。

j. 是否调整与框支柱相连的梁内力:IREGU_KZZB＝0,一般"不调整"。剪力墙加强区起算层号:LEV_JLQJQ＝1,一般取"1"。

k. 强制指定的薄弱层个数 NWEAK＝0,由用户自行指定某些薄弱层,不需指定时填"0"。

⑥ 设计信息

选择"设计信息",进行设计信息参数设置,如图 2-81 所示。

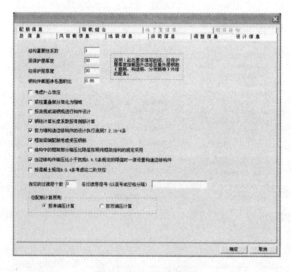

图 2-81　设计信息

a. 结构重要性系数:R_0＝1。安全等级二级,设计使用年限 50 年,取 1.0。

b. 柱计算长度计算原则:"有侧移"。一般按"有侧移",钢结构也属于"有侧移"结构。

c. 梁柱重叠部分简化为刚域:一般工程可不勾选,异形柱结构宜勾选。

d. 是否考虑 P-△效应:"否"。初步计算时不考虑,待程序计算得到结构刚重比不满足规范上限要求,返回 SATWE 的"设计信息"中勾选"考虑 P－△ 效应"重新计算,程序自动计入重力二阶效应的影响。

　　e. 柱配筋计算原则:按单偏压计算。整体计算选"单偏压",角柱、异形柱按照"双偏压"进行补充验算。可按特殊构件定义角柱,程序自动按"双偏压"计算。

　　f. 钢构件截面净毛面积比:R_N＝0.85,用于钢结构。

　　g. 梁保护层厚度(mm):BCB＝20.00。一类环境,取 20 mm。

　　h. 柱保护层厚度(mm):ACA＝20.00。一类环境,取 20 mm。

　　i. 是否按混凝土规范(7.3.11－3)计算混凝土柱计算长度系数:"否"。一般情况下选"否",水平力设计弯矩占总设计弯矩 75％以上时选"是"。

　　⑦ 配筋信息

　　选择"配筋信息",进行配筋信息参数设置,如图 2－82 所示。

　　a. 梁主筋强度(N/mm²):I_B＝360。选用钢筋强度设计值。

　　b. 柱主筋强度(N/mm²):I_c＝360。墙主筋强度(N/mm²):I_w＝300。梁箍筋强度(N/mm²):J_B＝270。柱箍筋强度(N/mm²):J_c＝270。墙分布筋强度(N/mm²):J_{wH}＝300。梁箍筋最大间距(mm):S_B＝100.00,抗震设计时取加密区间距,一般取 100。柱箍筋最大间距(mm):S_c＝100.00,抗震设计时取加密区间距,一般取 100。墙水平分布筋最大间距(mm):S_{wH}＝200.00。

　　c. 墙竖向筋分布最小配筋率(％):R_{wv}＝0.30,抗震设计时 R_{wv}≥0.25。

　　⑧ 荷载组合

　　选择"荷载组合",进行荷载组合参数设置,如图 2－83 所示。一般选择程序默认值。

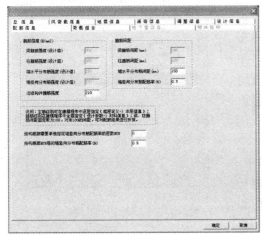

图 2－82　配筋信息

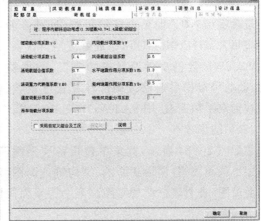

图 2－83　荷载组合信息

　　⑨ 地下室信息

　　选择"地下室信息",进行地下室信息设置,主要包括:

　　a. 回填土对地下室约束相对刚度比:填 3 相当于嵌固程度 70％～80％,填 5 相当于完全嵌固,填－1 相当于上部结构嵌固于地下室顶板。

　　b. 外墙分布筋保护层厚度:本例没有剪力墙,不需修改此参数。

c. 回填土容重：20，一般填土取 $18\sim20$ kN/m³。

d. 室外地坪标高（m）：以地下室顶板标高为准，高为正，低为负。回填土侧压力系数：参见工程地质勘察报告，宜取静止土压力，无试验条件时，砂土可取 $0.34\sim0.45$，黏性土可取 $0.5\sim0.7$。

e. 地下水位标高（m）：以地下室顶板标高为准，高为正，低为负。

f. 室外地面附加荷载（kN/m²）：取值 $\geqslant10$ kN/m²。

g. 人防设计等级：有人防时为 4、5、6 级，0 为不考虑人防设计。人防地下室层数：考虑人防设计的地下室层数，与地下室层数有区别。顶板人防等效荷载：考虑人防设计时，按照人防等级选择。外墙人防等效荷载：考虑人防设计时，按照人防等级选择。

⑩ 砌体结构

选择"砌体结构"，进行砌体结构信息设置，本例为多层钢筋混凝土结构，此项不填。

（2）特殊构件补充定义

在前处理菜单中选择"特殊构件补充定义"，可以定义特殊梁（不调幅梁、连梁、转换梁、一端铰接、两端铰接、滑动支座、门式刚架、耗能梁、组合梁等），特殊柱（上端铰接、下端铰接、两端铰接、角柱、框支柱、门式刚柱），特殊支撑（两端固结、上端铰接、下端铰接、两端铰接、人/V 支撑、十/斜支撑），弹性板（弹性板 6、弹性板 3、弹性膜），吊车荷载，刚性板号，框架抗震等级，材料强度，刚性梁等。

本例只需要定义角柱为特殊构件，在各标准层中完成角柱定义。如果有其他特殊构件的补充定义，可以继续进行定义和修改。

（3）生成 SATWE 数据文件和数据检查（必须执行）

完成各项定义后，选择"生成 SATWE 数据文件及数据检查"。如果出现提示错误，则查看数据检查报告 CHECK.OUT，完成修改后再次执行"生成 SATWE 数据文件及数据检查"。数据检查通过，此后可根据需要修改构件计算长度系数、修改或查询水平风荷载，则 SATWE 前处理完成。

（4）图形检查

如图 2-84 所示，此菜单包括各层平面简图、各层恒载简图、各层活载简图、结构轴测简图、墙元立面简图、查看底框荷载简图。第一层平面简图如图 2-85 所示。

图 2-84　图形检查

2. 结构、PM 次梁的内力、配筋计算

（1）结构内力、配筋计算

在 SATWE 主菜单选择"结构内力、配筋计算"，屏幕弹出如图 2-86 所示的对话框。

① 层刚度比计算：计算层刚度比有剪切刚度、剪弯刚度、地震剪力与地震层间位移的比三种方法。

方法 1：《高层建筑混凝土结构技术规程》（以下简称《高规》）附录建议的方法 1——剪切刚度 $K_i=G_iA_i/h_i$。适用于多层（砌体、砖混底框）结构，对于底层大空间转换层，可用于计算转换层上下刚度比,以及计算地下室和上部结构层刚度比(判断地下室顶板是否可以作上部结构的嵌固端)。

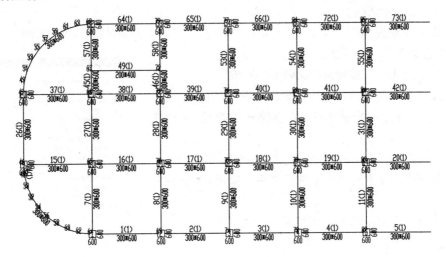

图 2-85　第一层平面简图(局部)

方法 2:《高规》附录建议的方法 2——剪弯刚度 $K_i = V_i / \triangle_i$。适用于带斜撑的钢结构,以及转换层在 3～5 层的结构,计算转换层上下刚度比。

方法 3:《抗震规范》条文说明及《高规》建议的方法 3——地震剪力与地震层间位移的比 $K_i = V_i / \triangle u_i$。适用于一般的结构,比其他两种方法更易通过刚度比验算。选择第 3 种方法计算层刚度和刚度比控制时,要采用"刚性楼板假定"的条件,对于有弹性板或者板厚为零的工程,应计算两次,在刚性楼板假定条

图 2-86　计算控制参数

件下计算层刚度和找出薄弱层,然后在真实条件下计算,并且检查原找出的薄弱层是否得到确认,完成其他计算。

程序隐含的方法是第 3 种,即"地震剪力与地震层间位移的比"。这三种计算方法有差异是正常的,可以根据需要选择,对于大多数一般的结构应选第 3 种层刚度算法。

② 地震作用分析

在选择地震作用计算方法时,没有弹性楼板选择算法 1"侧刚分析方法",计算量较小;有弹性楼板选择算法 2"总刚分析方法",计算量较大。其余选择程序默认值即可。

③ 构件配筋与计算

各参数设置完成后选择"确认",进行整体计算分析。

(2)PM 次梁内力与配筋计算

在 PM 建模中,如果容量允许,一般都把次梁作为主梁输入,因此不必执行此项。如果有次梁,则完成此项计算,同 PK 中的连续梁计算,只是 SATWE 一次算出全部次梁的内力和配筋。

3. 分析结果图形和文本显示

完成构件配筋计算后,在SATWE主菜单选择"分析结果图形和文本显示",屏幕弹出如图2-87所示的对话框。

(1)图形文件输出

可输出以下分析结果图形:

① 各层配筋构件编号简图:WPJW＊.T。

② 混凝土构件配筋及钢构件验算简图:WPJ＊.T。

③ 梁弹性挠度、柱轴压比、墙边缘构件简图:WPJC＊.T。

④ 各荷载工况下构件标准内力简图:WBEM＊.T。

⑤ 各荷载工况下构件调整前标准内力简图:WBEMF＊.T。

图2-87　图形文件输出

⑥ 梁设计内力包络图:WBEMR＊.T。

⑦ 梁设计配筋包络图:WDCNL.T。

⑧ 底层柱、墙最大组合内力:WDCNL.T。

⑨ 水平力作用下结构各层平均侧移简图:3D_VIEW＊.T。

⑩ 各荷载工况下结构空间变形简图标准内力三维简图:3D_VIEW＊.T。

⑪ 各荷载工况下构件标准内力三维简图:3D_VIEW＊.T。

⑫ 结构各层质心振动简图:WMODE＊.T。

⑬ 结构整体空间振动简图:3D_VIEW＊.T。

⑭ 吊车荷载下的预组合内力简图:WDC＊.T。此外,还有剪力墙组合配筋修改及验算简图、剪力墙稳定验算简图、边缘构件信息修改等。

构件的配筋图如图2-88所示,可以通过主菜单查看结构各层的配筋图,还可通过箍筋/主筋开关调整来单独查看主筋、箍筋。如果出现红色显示说明有构件超筋,如果字符较多拥挤在一起,可以通过下拉菜单字符选项中的文字避让来处理。

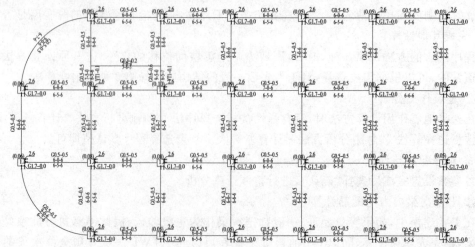

图2-88　第四层配筋图

（2）文本文件输出（图 2-89）

① 结构设计信息：WMASS. OUT，如图 2-90 所示。

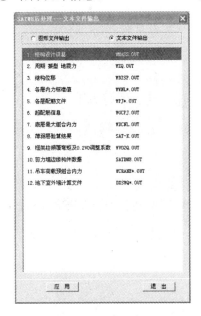

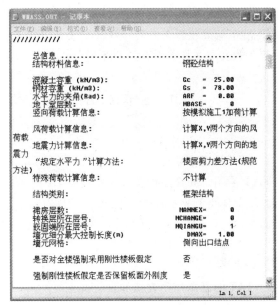

图 2-89　"文本文件输出选项"对话框　　　　　　图 2-90　WMASS. OUT

② 周期振型地震力：WZQ. OUT，如图 2-91 所示。

③ 结构位移：WDISP. OUT，如图 2-92 所示。

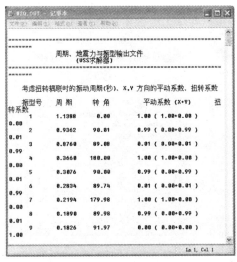

图 2-91　WZQ. OUT　　　　　　　　　图 2-92　WDISP. OUT

④ 各层内力标准值：WNL∗. OUT。

⑤ 各层配筋文件：WPJ∗. OUT。

⑥ 超配筋信息：WGCPJ. OUT。

⑦ 底层最大组合内力：WDCNL. OUT。

⑧ 薄弱层验算结果：SAT－K. OUT。

⑨ 框架柱倾覆弯矩和 $0.2Q_0$ 调整系数：WV02Q. OUT。

⑩ 剪力墙边缘构件数据：SATBMB. OUT。

⑪ 吊车荷载预组合内力：WCRANE＊. OUT。

其余的文本文件查看在这里不再详述。

2.5　空间杆系结构分析与设计软件 TAT

2.5.1　TAT 的基本功能

TAT 采用空间杆系计算柱梁等杆件，采用薄壁柱计算模型计算剪力墙。它可计算各种规则或复杂体型的钢筋混凝土框架、框剪、剪力墙、筒体结构，还针对高层钢结构的特点，对水平支撑、垂直支撑、斜柱等均作了考虑，因此也可用于分析计算多高层钢结构（但 TAT－8 只适用于不高于 8 层的建筑结构）。

2.5.2　TAT 的基本使用方法和设计实例

1. 接 PMCAD 生成 TAT 数据

启动 PKPM 主菜单，选择 TAT 程序，屏幕出现如图 2－93 所示的窗口。要使该菜单顺利完成，在此之前必须执行 PMCAD 软件的主菜单 1，建立完整的结构模型。选择接 PM 生成 TAT 数据，出现如图 2－94 所示的对话框。

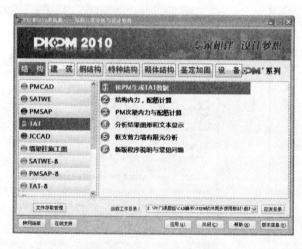

图 2－93　TAT 主菜单

图 2－94　TAT 前处理数据

2. 补充输入和图形文本检查

(1)分析与设计参数补充定义

执行 TAT 前处理菜单第 1 项"分析与设计参数补充定义"，主要包括总信息、风荷载信息、地震信息、活荷载信息、设计信息、配筋信息、荷载组合等参数的定义。TAT 中大部分参数与 SATWE 中一致，因此不再赘述。

（2）TAT 数据生成和计算选项

和分析与设计参数补允定义选项一样，此选项为必选项，如图 2-95 所示，主要包括以下选项：

① 生成 TAT 几何数据和荷载数据；

② 重新计算水平风荷载；

③ 重新计算柱、支撑、梁的长度系数；

④ 是否考虑梁端弯矩折减等参数选择。

（3）图形文本检查

上一步执行完成后，程序将自动计算，并自动返回到 TAT 前处理选项卡。这时，应执行图形文本检查选项卡，如图 2-96 所示。

此选项卡主要包括各层平面简图、各层荷载简图、底框荷载简图、结构轴侧简图和文本文件查看。文本文件查看主要包括几何数据、荷载数据、错误和警告信息、数据检查报告等信息，如图 2-97 所示。

图 2-95　计算选项

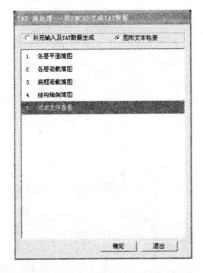

图 2-96　"图形文本检查"选项卡

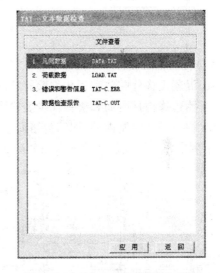

图 2-97　"文本文件查看"选项卡

3. 结构内力和配筋计算

在 TAT 主菜单选择第三项"结构内力和配筋计算"，出现如图 2-98 所示的对话框。

（1）质量、总刚计算：勾选。

（2）结构周期地震作用计算：总刚分析方法。

（3）线性方程组解法：LDLT 求解器。

（4）构件内力标准值计算：包括支座位移计算、吊车荷载计算、温度荷载计算等选项。

（5）结构位移计算：位移输出时有两种方式，"简化输出"和"详细输出"。若选择"简化输出"，则只输出各工况下各层的最大位移和最大层间位移；若选择"详细输出"，则输出各工况下各层的位移和内力，一般选择"简化输出"即可。

(6)配筋计算及验算:起始层号为 1,终止层号为 4。

其余参数选择默认值,选择确定后进行结构内力和配筋计算。

4. 分析结果图形和文本显示

完成"结构内力和配筋计算"后,在 TAT 主菜单选择"分析结果图形和文本显示",弹出如图 2-99 所示的对话框,选择其中相应的项目即可进行 TAT 后处理。

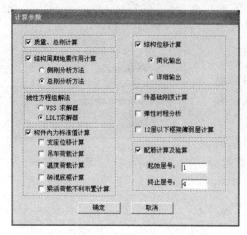

图 6-4

图 6-4

(1)可查看的分析结果图形包括:

① 混凝土构件配筋和钢构件验算简图。

② 墙边缘构件配筋和梁弹性挠度简图。

③ 构件设计控制内力、配筋包络简图。

本例中第一层配筋及验算简图如图 2-100 所示。

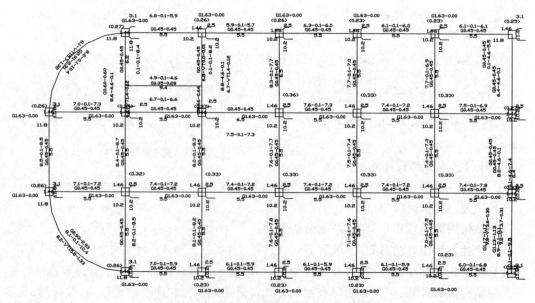

图 2-100　第一层配筋及验算简图(局部)

④ 各荷载工况下构件标准内力简图。

⑤ 底层柱、墙最大组合内力简图。

此外,还包括质心振型图或整体空间振型简图、水平力作用下楼层侧移简图、吊车作用下构件预组合内力简图、时程分析构件预组合内力简图、时程分析楼层反应值时程简图。

(2)文本文件查看,选择应用,出现如图2-101所示的对话框。

选择相应的菜单可以查看计算结果的文本输出。主要文件与 SATWE 模块相似,包括总信息输出文件、各层内力标准值文件、各层配筋文件、时程分析预组合内力文件、吊车预组合内力文件等,需要仔细查看。

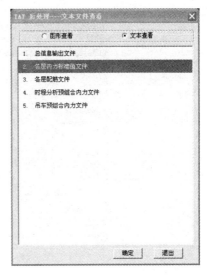

图 2-101　"文本文件查看"选择框

2.6　基础计算与设计软件 JCCAD

2.6.1　JCCAD 的基本功能及特点

1.JCCAD 的基本功能

(1)柱下独立基础(包括倒锥型、阶梯型)、现浇或预制杯口基础、单柱和双柱或多柱基础的设计工作;

(2)墙下条形基础(包括砖、毛石、钢筋混凝土条基,并可带下卧梁)的设计工作;

(3)弹性地基梁、带肋筏板(梁肋可朝上朝下)的设计工作;

(4)柱下平板、墙下筏板基础、柱下独立桩基承台基础、桩筏基础、桩格梁基础、单桩基础(包括预制混凝土方桩、圆桩、钢管桩、水下冲钻孔桩、沉管灌注桩、干作业法桩等)的设计工作;

(5)上述多种类型基础组合起来的大型混合基础的结构计算、沉降计算和施工图绘制。施工图绘制包括基础平面图、梁立面、剖面图、大样详图等。

2.JCCAD 主菜单及操作过程

双击 PKPM 快捷方式,进入 PKPM 主菜单后,选择"结构"模块下左侧的 JCCAD 软件,使其变成蓝色,菜单右侧此时将显示 JCCAD 主菜单,如图2-102 所示。

主菜单可以移动光标选择,也可键入菜单前数字或字符选择。主菜单3下又包括基础沉降计算、弹性地基梁结构计算、弹性地基板内力配筋计算、弹性地基梁板结果查询几项。

2.6.2　JCCAD 的基本使用方法和设计实例

1.地质资料输入

(1)地质资料的内容

地质资料是基础设计计算的重要依据。地质资料有两类,一种是供有桩基础使用,另一种是供无桩基础(弹性地基筏板)使用。两者格式相同,不同仅在于有桩基础对每层土要求

图 2-102 JCCAD 主菜单

压缩模量、重度、状态参数、内摩擦角、内聚力五个参数,而无桩基础只要求压缩模量一个参数即可。一份完整的地质资料应包括以下几方面:

① 各勘测孔的平面坐标;

② 竖向土层标高;

③ 各土层的物理力学指标。

程序以勘测孔的平面位置形成平面控制网络,将勘测孔的竖向土层标高和物理力学指标进行插值,可以得到勘测孔控制网络内部及附近的竖向各土层的标高和物理力学指标。通过人机交互,可以形象地观测任意一点和任意竖向剖面的土层分布和力学参数。

(2)地质资料的输入方式

JCCAD 软件提供了人机交互和填写数据文件两种方式完成地质资料的输入。

在主菜单中选择"地质资料输入",弹出如图 2-103 所示的窗口。提示指定存放地质资料的目录及文件名。用户可输入一个文件名,如果这个文件在当前目录(文件夹)下存在,不论这个文件是人工填写的还是以前人机交互生成的,屏幕上都将显示地质勘探孔点的相对位置和由这些孔点组成的三角单元控制网格,用户即可利用各子菜单观察地质情况。如果指定文件不存在,程序将引导用户采用人机交互方式建立整个地质资料数据文件。

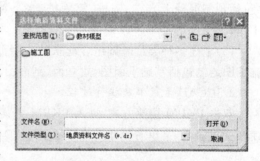

图 2-103 输入地质资料

2. 基础人机交互输入

本例采用 JCCAD 第 2 项菜单人机交互输入读取之前的模型计算结果。应用主菜单 2,屏幕出现当前目录下的工程的首层柱网布置,并弹出如图 2-104 所示的对话框(第 1 次计算时不弹出)。重新输入基础选择"重新输入基础数据";重复计算选择"存在基础模型数据文件";再一次计算有修改选择"读取已有基础布置并更新上部结构数据";也可选择"选择保留部分已有的基础"。单击"确定",在右侧出现如图 2-105 所示的主菜单。

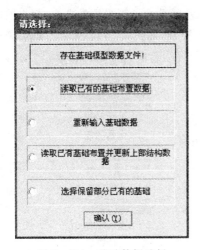

图 2-104　基础数据选择

图 2-105　"基础输入"主菜单

（1）参数输入

选择"参数输入"，有"基本参数"和"个别参数"等选项，本例主要介绍基本参数输入。选择"基本参数"，如图 2-106、图 2-107、图 2-108 所示。

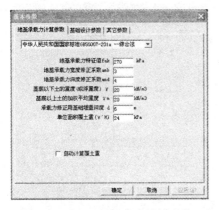

图 2-106　地基承载力计算参数

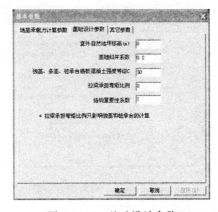

图 2-107　基础设计参数

① 地基承载力计算参数。地基承载力特征值 $f_{ak}=270$ kPa；地基承载力宽度修正系数 $\alpha_{mB}=3$；地基承载力深度修正系数 $\alpha_{md}=4.4$；基底以下土的重度（或浮重度）$\gamma=20$ kN/m³；基底以上土的加权平均重度 $\gamma_m=20$ kN/m³；承载力修正用基础埋置深度 $d=6$ m。

② 基础设计参数。室外自然地坪标高为 0；基础归并系数为 0.2；独基、条基、桩承台底板混凝土强度等级为 C30；拉梁承担弯矩比例为 0；结果重要性系数为 1。

③ 其他参数。包括人防等级、梁式基础的覆土标高、地下水距天然地坪深度、柱对平（筏）板基础冲切计算模式等。本例采用默认值。

（2）荷载输入

回到主菜单选择"荷载输入"，子菜单如图 2-109 所示。选择"荷载参数"，出现如图 2-110 所示的对话框，修改组合参数（一般选择默认值即可）。回到"荷载输入"菜单，选择"读取荷载"，出现如图 2-111 所示的窗口。选择当前组合，如图 2-112 所示，当前组合为蓝色显示，确定后选择目标组合,如图 2-113 所示。由于新规范地基承载力计算采用标准值,而当前组合为基本组合,所以选择目标为标准组合,一般由最大轴力控制,如图 2-114 所示。如果还有附加荷载,选择附加荷载项输入。在进行地基变形计算时目标组合应为准永久组合。

图 2-108　其他参数

图 2-109　荷载输入
子菜单

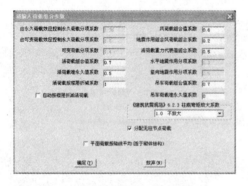

图 2-110　荷载组合参数

图 2-111　SATWE 荷载

图 2-112　当前荷载组合

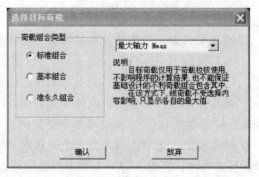

图 2-113　荷载目标组合—标准组合

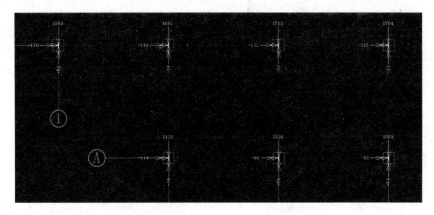

图 2-114　荷载目标组合——标准组合(局部)

（3）基础布置

输入完毕后回到基础输入主菜单,根据具体工程选择具体的基础类型。本工程为独立基础,选择"柱下独基",其子菜单如图 2-115 所示。

① 独基布置、修改、删除和计算

JCCAD 提供多种独立基础布置方式,包括自动生成、双柱基础、多柱基础和根据已经布置的基础尺寸进行其余的基础布置。点击"自动生成",选择需要布置基础的区域,弹出如图 2-116 所示的"基础设计参数输入"对话框,包括地基承载力计算参数和柱下独立基础参数,本对话框主要输入独立基础的参数,如图 2-117 所示。点击"双柱基础",弹出如图 2-118 所示的双柱"基础参数输入"对话框,选择基础底面形心位置,点击"确定"后,选择需要布置双柱基础的区域,程序自动生成双柱基础。点击"多柱基础",围栏方式选择需要布置多柱基础的区域,生成多柱基础。选择"独基布置",弹出如图 2-

图 2-115　"柱下独基"子菜单

119 所示对话框,可进行独基的尺寸新建、修改、布置等操作。点击"控制荷载",弹出如图 2-120 所示对话框,设定输出文件和图名。点击"计算结果",弹出如图 2-121 所示对话框,显示基础的计算文件,也可点击"单独计算",查看指定基础的计算文件。点击"独基删除",可选择性删除已经布置的基础。

图 2-116　"基础设计参数输入"对话框

图 2-117　"柱下独立基础参数"对话框

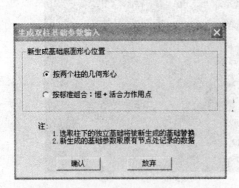

图 2-118　"双柱基础参数输入"对话框

图 2-119　"独基布置选择"对话框

图 2-120　"输出文件选择"对话框

图 2-121　独基计算结果

② 重心校核

回到基础输入主菜单,选择"重心校核",进行地基承载力极限状态验算。选择标准荷载组,如图 2-122 所示,选择荷载后点击"确定"按钮,屏幕下面的文字为地基承载力极限状态计算,如图 2-123 所示。在标准组合状态下,多选择几组荷载组合进行基础重心计算和地基承载力极限状态验算。回到基础输入主菜单,选择"结束退出",返回 JCCAD 主菜单。

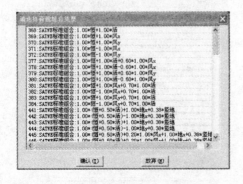

图 2-122　基础重心校核——选荷载组

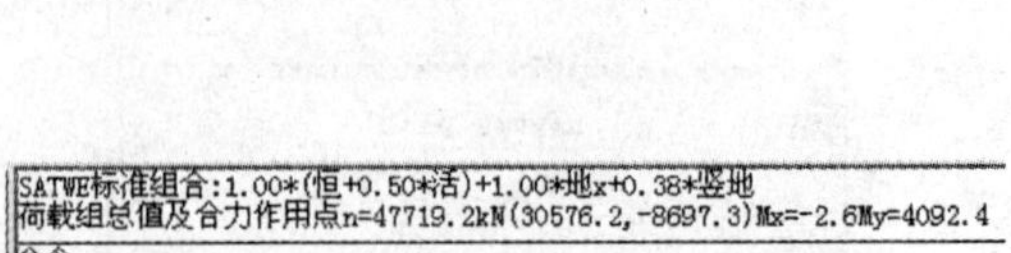

SATWE标准组合:1.00*(恒+0.50*活)+1.00*地x+0.38*竖地
荷载组总值及合力作用点n=47719.2kN(30576.2, -8697.3)Mx=-2.6My=4092.4
命令:

图 2-123　荷载组总值及合力作用点

3. 基础平面施工图

同到 JCCAD 主菜单选择第 7 项"基础施工图",主菜单如图 2-124 所示。

(1)参数设置

选择"参数设置",弹出图 2-125 所示的对话框,用于选择地基梁施工图参数设置。

(2)基础详图

选择"基础详图",弹出图 2-126 所示的对话框,选择在当前图中绘制详图或新建 T 图绘制基础详图,基础详图子菜单如图2-127所示。选择详图子菜单中的绘图参数,弹出如图 2-128 所示的对话框,设置详图绘制参数,包括独基施工图是否画柱、大样图比例等参数。选择"插入详图",弹出如图 2-129 所示的对话框,选择需要绘制详图的基础编号,选中并绘制完成后,编号后会出现对勾,表示该基础详图已绘制。

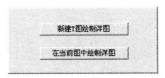

图 2-124　"基础　　　　图 2-125　"地基梁施工图　　　　图 2-126　"基础详图
施工图"主菜单　　　　　参数设置"对话框　　　　　绘制"对话框

图 2-127　"基础详图"　　　图 2-128　"基础详图绘图　　　图 2-129　"基础详图选择"
子菜单　　　　　　　　参数"对话框　　　　　　　对话框

已完成的基础详图 J-2、J-3 施工图如图 2-130、图 2-131 所示。

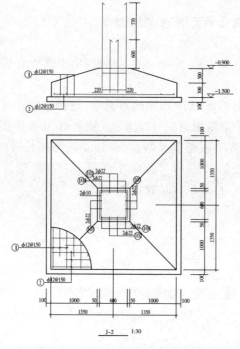

图 2-130　基础 J-2 施工图

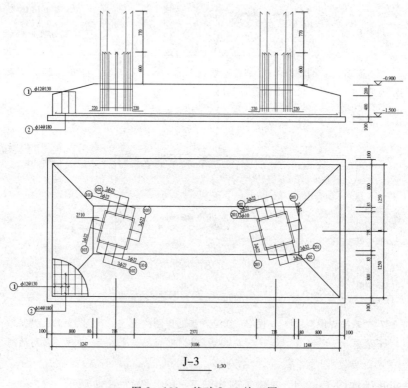

J-3　1:30

图 2-131　基础 J-3 施工图

2.7　墙梁柱施工图

2.7.1　梁柱平面表示法介绍

1. 柱平法施工图的表示方法

柱平法施工图系在柱平面布置图上采用列表注写方式或截面注写方式表达柱的截面尺寸、配筋等信息。柱平面布置图，可采用适当比例单独绘制，也可与剪力墙平面布置图合并绘制。在柱平法施工图中，应按规定注明各结构层的楼面标高、结构层高及相应的结构层号。

（1）列表注写方式

① 列表注写方式定义

列表注写方式系在柱平面布置图上，分别在同一编号的柱中选择一个截面标注几何参数代号；在柱表中注写柱号、柱段起止标高、几何尺寸与配筋的具体数值，并配以各种柱截面形状及其箍筋类型图的方式，用来表达柱平法施工图。

② 柱表注写内容规定

a. 注写柱编号：柱编号由类型代号和序号组成，应符合表 2-1 的规定。

表 2-1　柱编号

柱 类 型	代　　号
框架柱	KZ
框支柱	KZZ
芯柱	XZ
梁上柱	LZ
剪力墙上柱	QZ

b. 注写各段柱的起止标高：自柱根部往上以变截面位置或截面未变但配筋改变处为界分段注写。框架柱和框支柱的根部标高系指基础顶面标高。芯柱的根部标高系指根据结构实际需要而定的起始位置标高。梁上柱的根部标高系指梁顶面标高。剪力墙上柱的根部标高分两种：当柱纵筋锚固在墙顶部时，其根部标高为墙顶面标高；当柱与剪力墙重叠一层时，其根部标高为墙顶面往下一层的结构层楼面标高。

c. 对于矩形柱，注写柱截面尺寸 $b×h$ 及与轴线关系的几何参数代号 b_1、b_2 和 h_1、h_2，需对应于各段柱分别注写。其中，$b=b_1+b_2$，$h=h_1+h_2$。当截面的某一边收缩变化至与轴线重合或偏到轴线的另一侧时，b_1、b_2、h_1、h_2 中的某项为零或为负值。

对于圆柱，表中 $B×h$ 一栏改用在圆柱直径数字前加 d 表示。为表达简单，圆柱截面与轴线的关系也用 b_1、b_2 和 h_1、h_2 表示，并使 $d=b_1+b_2=h_1+h_2$。

对于芯柱，根据结构需要，可以在某些框架柱的一定高度范围内，在其内部的中心位置设置。

d. 注写柱纵筋。当柱纵筋直径相同，各边根数也相同时，将纵筋注写在"全部纵筋"一栏中;除此之外,柱纵筋分角筋、截面 b 边中部筋和 h 边中部筋三项分别注写。

　　e. 注写箍筋类型号及箍筋类型栏内注写按规定绘制柱截面形状及其箍筋类型号。

　　f. 注写柱箍筋,包括钢筋级别、直径与间距。

　　当为抗震设计时,用斜线"/"区分柱箍筋加密区与柱身非加密区长度范围内箍筋的不同间距。施工人员须根据标准构造详图的规定,在规定的几种长度值中取其最大者作为加密区长度。

　　当柱纵筋采用搭接连接且为抗震设计时,在柱纵筋搭接长度范围内的箍筋均应按小于等于 $5d$ 及小于等于 100 的间距加密。

　　当为非抗震设计时,在柱纵筋搭接长度范围内的箍筋加密,应由设计者另行注明。

　　③ 箍筋类型的表示

　　具体工程所设计的各种箍筋类型图以及箍筋复合的具体方式,须画在表的上部或图中的适当位置,编上类型号。

　　当为抗震设计时,确定箍筋肢数要满足对柱纵筋"隔一拉一"以及箍筋肢距的要求。

　　如图 2-132 所示为柱平法施工图列表注写方式示例。

　　(2)截面注写方式

　　截面注写方式,系在分标准层绘制的柱平面布置图的柱截面上,分别在同一编号的柱中选择一个截面,以直接注写截面尺寸和配筋具体数值的方式来表达柱平法施工图。

　　对除芯柱之外的所有柱截面按规定进行编号,从相同编号的柱中选择一个截面,按另一种比例原位放大绘制柱截面配筋图,并在各配筋图上继其编号后再注写截面尺寸 $b×h$、角筋或全部纵筋、箍筋的具体数值以及在柱截面配筋图上标注柱截面与轴线关系 b_1、b_2、h_1、h_2 的具体数值。

　　当纵筋采用两种直径时,须再注写截面各边中部筋的具体数值。

　　当在某些框架柱的一定高度范围内,在其内部的中心位置设置芯柱时,首先应按规定进行编号,继其编号后注写芯柱的起止标高、全部纵筋及箍筋的具体数值,芯柱截面尺寸按构造确定,并按标准构造详图施工,设计不注;当设计者采用与本构造详图不同的做法时,应另行注明。

　　在截面注写方式中,如柱的分段截面尺寸和配筋均相同,仅分段截面与轴线的关系不同时,可将其编为同一柱号。但此时应在未画配筋的柱截面上注写该柱截面与轴线关系的具体尺寸。

　　如图 2-133 所示为柱平法施工图平面注写方式示例。

　　2. 梁平法施工图的表示方法

　　梁平法施工图系在梁平面图上采用平面注写方式或截面注写方法表达梁的截面尺寸、配筋等信息。梁平面布置图应分别按梁的不同结构层(标准层),将全部梁和与其相关联的柱、墙、板一起采用适当比例绘制。在梁平法施工图中,应按国家建筑标准设计图集 11G101-1 的规定注明各结构层的顶面标高及相应的结构层号。对于轴线未采用居中的梁,应标注其偏心定位尺寸(贴柱边的梁可不注)。

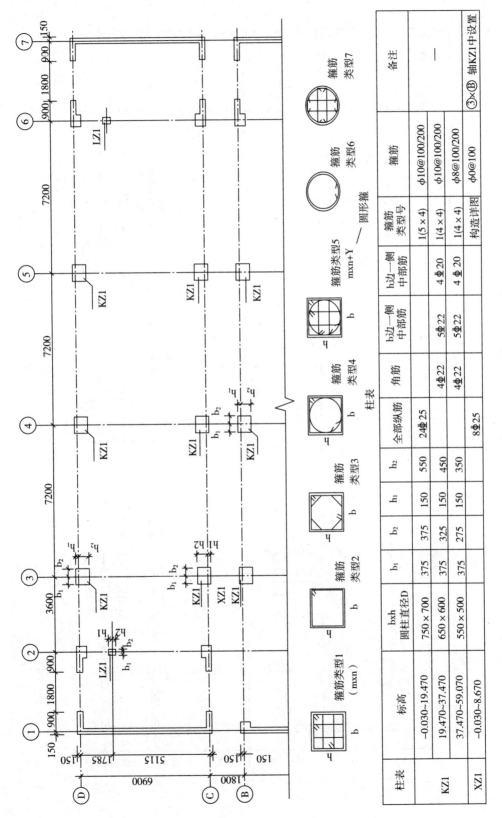

图 2 – 132　柱平法施工图列表注写方式示例

柱表		标高	b×h 圆柱直径 D	b_1	b_2	h_1	h_2	全部纵筋	角筋	b边一侧 中部筋	h边一侧 中部筋	箍筋 类型号	箍筋	备注
KZ1		−0.030~19.470	750×700	375	375	150	550	24Φ25				1(5×4)	φ10@100/200	
		19.470~37.470	650×600	375	325	150	450		4Φ22	5Φ22	4Φ20	1(4×4)	φ10@100/200	—
		37.470~59.070	550×500	375	275	150	350		4Φ22	5Φ22	4Φ20	1(4×4)	φ8@100/200	
XZ1		−0.030~8.670						8Φ25				构造详图	φ0@100	③×Ⓑ 轴KZ1中设置

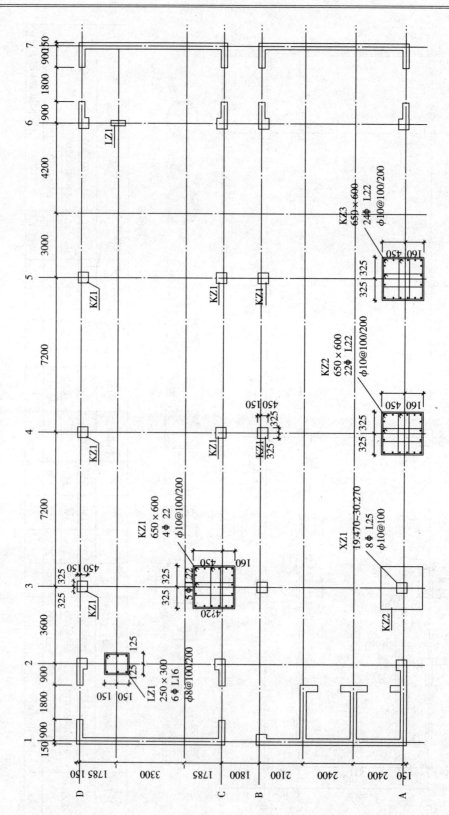

图 2 - 133　柱平法施工图平面注写方式示例

(1)平面注写方式

① 平面注写方式定义

平面注写方式,系在梁平面布置图上,分别在不同编号的梁中各选一根梁,在其上注写截面尺寸和配筋具体数值的方式来表达梁平法施工图。

平面注写包括集中标注与原位标注,集中标注表达梁的通用数值,原位标注表达梁的特殊数值。当集中标注中的某项数值不适用梁的某部位时,则将该数值原位标注。施工时,原位标注取值优先。

② 梁集中标注的内容

梁集中标注的内容,有五项必注值及一项选注值(集中标注可以从梁的任意一跨引出),规定如下:

a. 梁编号,见表 2-2 所列。

表 2-2　梁编号

梁 类 型	代 号
楼层框架梁	KL
屋面框架梁	WKL
框 支 梁	KZL
非框架梁	L
悬 挑 梁	XL
井 字 梁	JZL

b. 梁截面尺寸,该项为必注值。当为等截面梁时,用 $b \times h$ 表示;当有悬挑梁且根部和端部的高度不同时,用斜线分隔根部与端部的高度值,即为 $b \times h_1 / h_2$。

c. 梁箍筋,包括钢筋级别、直径、加密区与非加密区间距及肢数,该项为必注值。箍筋加密区与非加密区的不同间距及肢数需用斜线"/"分隔;当梁箍筋为同一种间距及肢数时,则不需用斜线;当加密区与非加密区的箍筋肢数相同时,则将肢数注写一次。箍筋肢数应写在括号内。

当抗震结构中的非框架梁、悬挑梁、井字梁及非抗震结构中的各类梁采用不同的箍筋(包括箍筋的箍数、钢筋级别、直径、间距与肢数)时应斜线后注写梁跨中部分的箍筋间距及肢数。

d. 梁上部通长筋或架立筋配置,该项为必注值。所注规格与根数应根据结构受力要求及箍筋肢数等构造要求而定。当同排纵筋中既有通长筋又有架立筋时,应用加号"+"将通长筋和架立筋相连。注写时须将角部纵筋写在加号的前面,架立筋写在加号后面的括号内,以示不同直径及通长筋区别。当全部采用架立筋时,则将其写在括号内。

当梁上部纵筋和下部纵筋均为通长筋且多数跨配筋相同时,此项可加注下部纵筋的配筋值,用分号";"将上部与下部纵筋的配筋值分隔开来。

③ 梁原位标注的内容

梁原位标注的内容规定如下:

a. 梁支座上部纵筋

该部位指含通长筋在内的所有纵筋。

当上部纵筋多于一排时,用斜线"/"将各排纵筋自上而下分开。

当同排纵筋有两种直径时,用加号"＋"将两种直径的纵筋相连,注写时将角部纵筋写在前面。

当梁中间支座两边的上部纵筋不同时,须在支座两边分别标注;当梁中间支座两边的上部纵筋相同时,可仅在支座的一边标注配筋值,另一边省去不注。

b. 梁下部纵筋

当下部纵筋多于一排时,用斜线"/"将各排纵筋自上而下分开。

当同排纵筋有两种直径时,用加号"＋"将两种直径的纵筋相联,注写时角筋写在前面。

当梁下部纵筋不全部伸入支座时,将梁支座下部纵筋减少的数量写在括号内。

当梁的集中标注中已按规定分别注写了梁上部和下部均为通长的纵筋值时,则不需在梁下部重复做原位标注。

c. 附加箍筋或吊筋

将其直接画在平面图中的主梁上,用线引注总配筋值。当多数附加箍筋或吊筋相同时,可在梁平法施工图上统一注明,少数与统一注明值不同时,再原位引注。

d. 说明

当在梁上集中标注的内容不适用于某跨或某悬挑部分时,则将其不同数值原位标注在该跨或该悬挑部位,施工时应按原位标注数值取用。

当在多跨梁的集中标注中已注明加腋,而该梁某跨的根部却不需要加腋时,则应在该跨原位标注等截面的 $b×h$,以修正集中标注中的加腋信息。

④ 井字梁

井字梁通常由非框架梁构成,并以框架梁为支座。在此情况下,应明确区分井字梁与框架梁或作为井字梁支座的其他类型梁。

⑤ 其他

在梁平法施工图中,当局部梁的布置过密时,可将过密区用虚线框出,适当放大比例后再用平面注写方式表示。

如图 2-134 所示为梁平法施工图平面注写方式示例。

(2)截面注写方式

如图 2-135 所示为梁平法施工图截面注写方式示例。

2.7.2　梁柱平法施工图的绘制方法和设计实例

1. 梁平法施工图的绘制

单击"墙梁柱施工图",如图 2-136 所示为墙梁柱的主菜单界面,双击第一项"梁平法施工图"进入如图 2-137 所示的对话框,定义钢筋标准层,选定后点击"确定",弹出如图 2-138 所示的对话框,选择内力和计算数据的来源(采用 SATWE 和 TAT 两个软件分别进行计算后,有两种计算结果需要选择),本例选择 SATWE 的计算结果。单击"确定"后进入梁施工图绘制页面,主菜单如图 2-139 所示。

(1)配筋参数

单击菜单第一项"配筋参数",弹出如图 2-140 所示的对话框,可进行绘图参数、归并系数、梁名称和箍筋、纵筋选筋参数的修改。

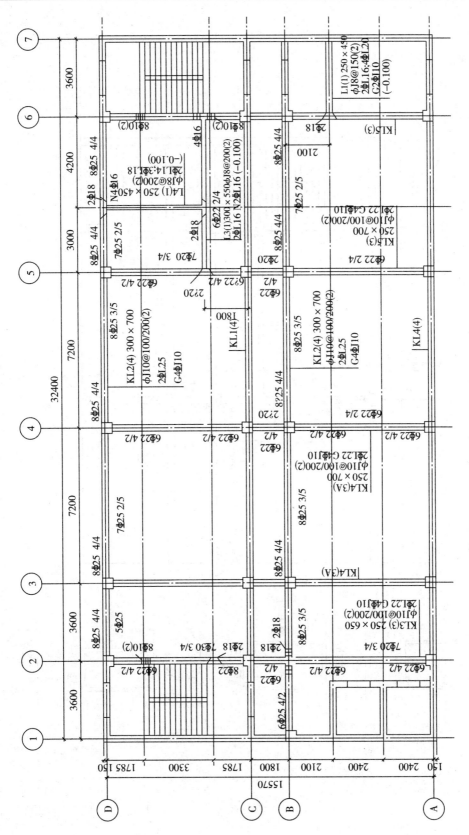

图 2 – 134　梁平法施工图平面注写方式示例

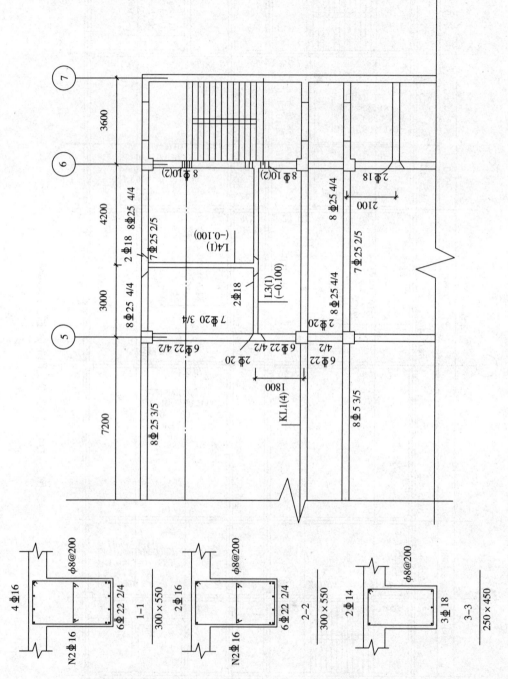

图 2 – 135　梁平法施工图截面注写方式示例

图 2-136　"墙梁柱施工图"主界面

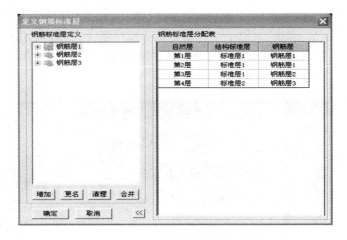

图 2-137　"定义钢筋标准层"对话框

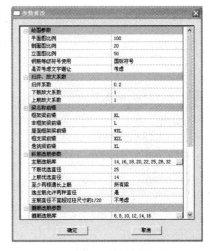

图 2-138　"内力和配筋
来源选择"对话框

图 2-139　"梁平法
绘图"主菜单

图 2-140　"梁平法绘图
参数修改"对话框

（2）钢筋标注

单击"钢筋标注"，弹出如图 2-141 所示的对话框，选择需要隐藏的梁标注。此菜单还可以进行钢筋的重新标注、标注换位和移动等操作以及指定梁某一截面的配筋标注。

（3）挠度、裂缝图

单击"挠度图"选项，弹出如图 2-142 所示的"挠度计算参数"对话框，可按设计要求选择是否在使用上对挠度有较高要求以及是否将现浇板作为受压翼缘，选择后点击"确定"按钮，进入"挠度图"子菜单，如图 2-143 所示，可进行挠度重算、挠度计算书查看等操作，完成挠度图绘制。

挠度图绘制完成后，点击"返回平面"，返回施工图绘制主菜单。单击"裂缝图"，弹出如图 2-144 所示的"裂缝计算参数"对话框，可按设计要求选择裂缝限值以及是否考虑支座宽度对裂缝的影响等，选择后点击"确定"按钮，进入"裂缝图"子菜单，如图 2-145 所示，可进行裂缝重算、裂缝计算书查看等操作，完成裂缝图绘制。

（4）配筋面积

完成裂缝图绘制后，点击"返回平面"，返回施工图绘制主菜单。点击"配筋面积"，进入"配筋面积"子菜单，如图 2-146 所示，可查看计算配筋面积、实配钢筋面积和实际配筋率等数据，可双击修改实配钢筋。

 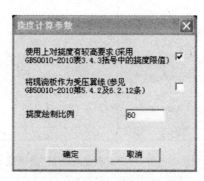

图 2-141 "钢筋标注"对话框　图 2-142 "挠度计算参数"对话框　图 2-143 "挠度图"子菜单

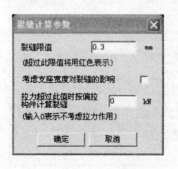 

图 2-144 "裂缝计算参数"对话框　图 2-145 "裂缝图"子菜单　图 2-146 "配筋面积"子菜单

完成后点击"返回平面",返回施工绘制主菜单,完成梁平法施工图绘制。

图 2-147、图 2-148、图 2-149、图 2-150 分别为第四层梁裂缝图、挠度图、实配钢筋面积和梁平法施工图。

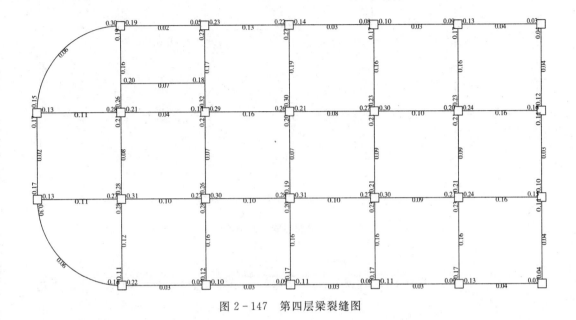

图 2-147 第四层梁裂缝图

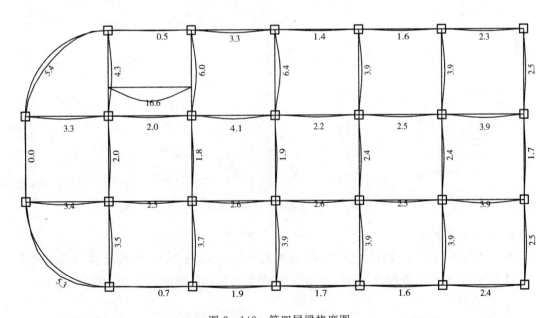

图 2-148 第四层梁挠度图

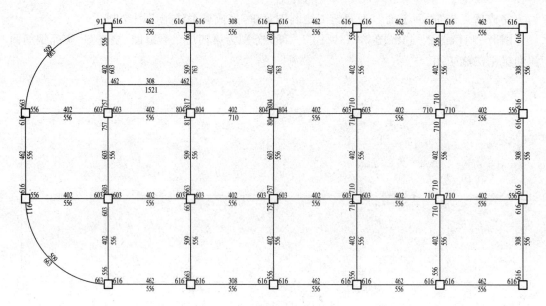

图 2-149 第四层梁实配钢筋面积

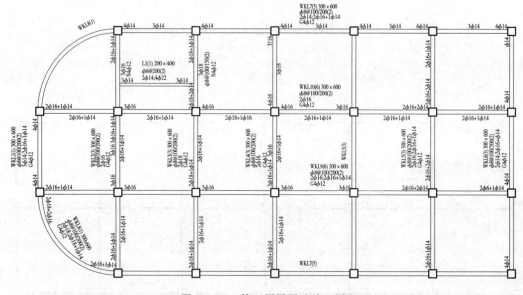

图 2-150 第四层梁平法施工图

2. 柱平法施工图绘制

双击如图 2-137 所示的第三项"柱平法施工图"进入柱平法施工图的绘制,主菜单如图 2-151 所示,可进行参数修改、归并、立面改筋、配筋面积和双偏压验算等操作。

（1）参数修改

点击第一项"参数修改",弹出参数修改对话框,与梁平法施工图相似,不再详述。

（2）归并

点击第三项"归并",可将配筋相同的柱进行归并,只标注其中的一根柱配筋,其余用标号代替,与梁类似,不再详述。

（3）立面改筋

点击"立面改筋"，进入"立面改筋"子菜单，如图 2—152 所示，可从立面查看柱的配筋数据，方便进行钢筋修改、归并等操作。KZ1 和 KZ2 的立面配筋结果如图 2—153 所示。

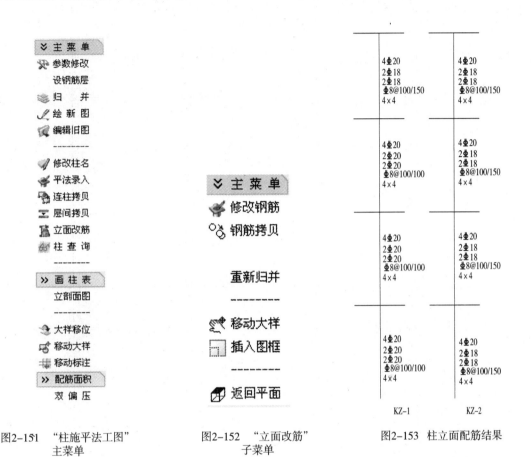

图2–151　"柱施平法工图"
主菜单

图2–152　"立面改筋"
子菜单

图2–153　柱立面配筋结果

（4）配筋面积

点击"返回平面"，返回"柱平法施工图"主菜单，点击"配筋面积"，进入"配筋面积"子菜单（图 2–154），可查看柱配筋计算面积、实配面积，进行钢筋校核、重新归并等操作。

（5）双偏压验算

返回"柱平法施工图"主菜单，点击"双偏压"，进行柱配筋的双偏压验算（配筋计算为单偏压）。若柱配筋核心区不出现红色，即表示双偏压验算通过，同时屏幕下方亦有提示。

如图 2–155 所示为第四层柱平法施工图。

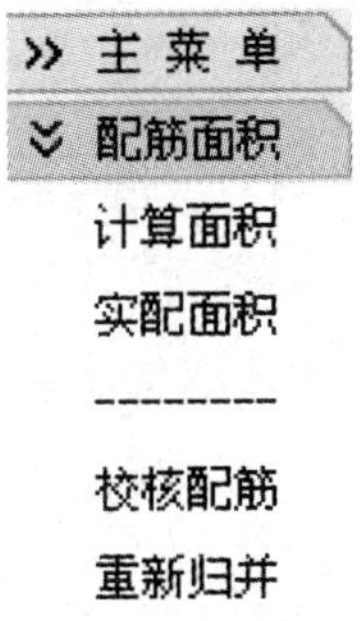

图 2–154　"配筋面积"子菜单

图 2 - 155　第四层柱平法施工图

第 3 章　YJK 软件的应用与实例

3.1　YJK 软件概述

YJK 软件是由北京盈建科软件有限责任公司（"盈建科"或"YJK"）开发的、面向国内及国际市场的建筑结构设计软件，既有中国规范版，也有国际规范版。盈建科建筑结构设计软件系统包括：盈建科建筑结构计算软件（YJK—A）；盈建科基础设计软件（YJK—F），盈建科砌体结构设计软件（YJK—M），盈建科结构施工图设计软件（YJK—D），盈建科钢结构施工图设计软件（YJK—STS），盈建科弹塑性动力时程分析软件（YJK—EP）和接口软件等。这些模块都建立在三维的集成平台上，采用目前先进的图形用户界面，如先进的 Direct3d 图形技术和 Ribbon 菜单管理，并广泛吸收了当今 BIM 方面的领先软件 Revit 和 Autocad2010 的特点，其图形菜单美观紧凑，操作简洁顺畅。

3.2　YJK 软件的各级菜单介绍

YJK 中设置了多级 Ribbon 菜单。其中，一级菜单指主要功能模块菜单。包括模型荷载输入、上部结构计算、砌体设计、基础设计、施工图设计、钢结构施工图共六个功能模块。它们用深蓝色字体表示，如图 3-1 所示。

图 3-1　YJK 软件的一级菜单

二级菜单为每个功能模块的下级控制菜单。它们在打开一级菜单后展开显示，用白色字体表示。例如，"模型荷载输入"模块下有"轴线网格"、"构件布置"、"楼板布置"、"荷载输入"、"自定义工况"、"楼层组装"、"空间结构"共七项二级菜单。"上部结构计算"模块下有"前处理及计算"、"设计结果"、"弹性时程分析"三项二级菜单。

点取每个白色的二级菜单后，该菜单的字体从白色转为黑色，并展开三级菜单。这级菜单用彩色图形图标表示，显示直观清晰。如图 3-2 所示为 YJK 中的二级菜单和三级菜单。

图 3-2　YJK 软件的二级菜单和三级菜单

如果三级菜单的彩色图标下标志有蓝色或者绿色箭头，说明该菜单下存在下级菜单。此时，只要将鼠标靠近这种带箭头的图标，其下级菜单就会马上出现，这就是四级菜单。当箭头为蓝色时，若点取四级菜单的某一项后，则四级菜单就会马上收起；当箭头为绿色时，若点取四级菜单的某一项后，则四级菜单仍会保留在原位上。这种四级菜单常需要连续执行，保留在原位有利于用户的下一次操作。如图 3-3 所示为 YJK 中的四级菜单。

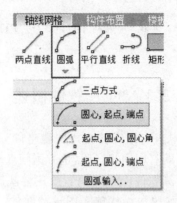

图 3-3　YJK 软件中的四级菜单

3.3　YJK-A 软件的主要特点

YJK-A 软件是为多高层建筑结构计算分析而研制的空间组合结构有限元分析与设计软件,适用于各种规则或复杂体型的多高层钢筋混凝土框架、框剪、剪力墙、简体结构、钢-混凝土混合结构和高层钢结构等。该软件由"建筑模型与荷载输入"和"上部结构计算"两大部分组成,下面分别介绍这两部分的主要功能和特点。

3.3.1　"建筑模型与荷载输入"模块的主要功能和特点

YJK-A 软件采用人机交互方式引导用户逐层布置建筑结构构件并输入荷载,通过楼层组装完成全楼模型的建立。之后,程序会对各层楼板荷载完成自动向房间周边梁墙的导算。该模型是后续功能模块如结构计算、砌体计算、基础设计、施工图设计的主要依据。程序由轴线网格、构件布置、楼板布置、荷载输入、自定义工况、楼层组装、空间结构七部分组成,如图 3-2 所示。

"建筑模型与荷载输入"模块的主要特点是界面友好,突出三维操作模式,采用全面易学易用的查询、编辑修改方式,简化操作步骤,人机交互输入更为方便。

3.3.2　"上部结构计算"模块的主要功能和特点

YJK-A 软件的主要功能是在连续完成恒、活、风、地震作用以及吊车、人防、温度等荷载效应计算的基础上,自动完成荷载效应组合、考虑抗震要求的调整、构件设计及验算等步骤。该软件采用空间杆单元模拟梁、柱及支撑等杆系构件,用在壳元基础上凝聚而成的墙元模拟剪力墙,对于楼板提供刚性板和各种类型的弹性板(弹性膜、弹性板 3、弹性板 6)计算模型。

YJK-A 软件采用先进的数据库管理技术,力学计算与专业设计分离管理。这种通用、先进的管理模式充分保证了各自专业优势的发挥。软件在计算上采用当前大量可用的先进技术,如合理应用偏心刚域、主从节点、协调与非协调单元、墙元优化等。此外,软件还采用目前领先的快速求解器,支持 64 位环境,使解题规模、计算速度和稳定性大幅度提高。

3.4　YJK－A软件的基本使用方法和设计实例

本章以一个简单的钢筋混凝土框架-剪力墙结构为例(图 3-4),详细叙述采用 YJK－A 软件建立模型和运行分析设计的过程。

该模型共 7 层,分为 3 个标准层,第一层层高为 3.6 m,其他层层高为 3.3 m。框架柱截面尺寸为 500 mm×500 mm,框架梁截面尺寸为 300 mm×600 mm,次梁、封口梁截面尺寸为 250 mm×500 mm,剪力墙厚度为 200 mm,门洞尺寸为 1 200 mm×2 400 mm,窗洞尺寸为 1 500 mm×1 500 mm,一层板厚 150 mm,其他楼层板厚 100 mm。楼面均布恒荷载为 5 kN/m²,活荷载为 2 kN/m²。部分梁上施加 2 kN/m 的恒荷载、8 kN 的集中力活荷载。基本风压 0.45 kN/m²,地面粗糙度为 B 类。地震设防烈度为 7 度,地震分组为第一组,场地特征周期为 0.25 s,抗震等级为三级。

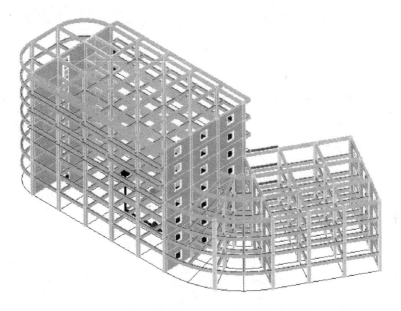

图 3-4　钢筋混凝土框架-剪力墙结构模型

3.4.1　启动 YJK

双击屏幕上的 YJK 图标 ,进入 YJK 软件的启动界面(图 3-5)。

在启动界面的左上角点击"新建"按钮。在弹出的新建对话框中选择已建好的子目录并输入模型的名称。我们事先已在 D 盘建立子目录"Test",此时在弹出的对话框中选择 D 盘的"Test"子目录并在下面"文件名"栏输入工程名"Test"(图 3-6)。

如果对已有模型进行查看和修改,点击"打开"按钮,在弹出的对话框中选择模型所在目录和模型文件。

注意:每做一项新的工程,都应建立一个新的子目录,并在新子目录中操作,这样不同工程的数据才不致混淆。

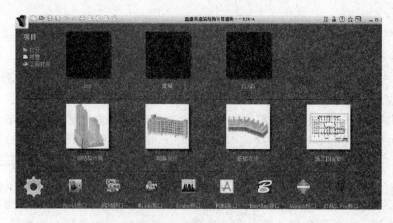

图 3-5　YJK 启动界面

图 3-6　新建对话框

3.4.2　结构模型输入

点击"保存"按钮后,程序自动进入"模型荷载输入",开始进行结构人机交互建模输入。

这是 YJK 最重要的一步操作,它要逐层输入各层的轴线、网格,输入每层的柱、梁、墙、门窗洞口、荷载等信息,最后通过楼层组装完成整个结构模型输入。

屏幕上方自动将一级菜单"模型荷载输入"展开为轴线网格、构件布置、楼板布置、荷载输入、楼层组装五个二级菜单。屏幕中间是模型视图窗口,显示模型信息内容,屏幕左下部分是命令提示行栏,显示各命令执行情况,也可以人工键入常用命令操作。屏幕右下部是通用菜单栏,列出每个模块下的常用菜单命令;最下一行是状态栏,显示当前光标所在位置的 X、Y、Z 坐标和几个绘图辅助工具按钮,如图 3-7 所示。

1. 键盘鼠标基本操作

YJK 中键盘,鼠标左、中、右各键具有以下主要功能。

鼠标左键:键盘"Enter",用于点取菜单、选择、输入等。

鼠标右键:用于确认、重复上次命令。

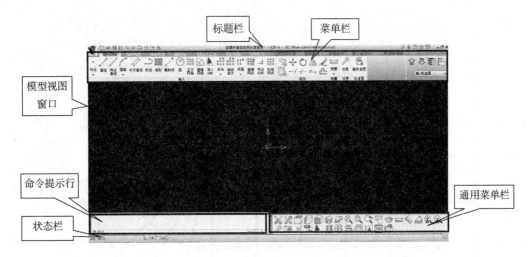

图 3-7　主窗口

键盘空格键:确认。

鼠标中滚轮往上滚动:连续放大图形。

鼠标中滚轮往下滚动:连续缩小图形。

鼠标中滚轮按住滚轮平移:拖动平移显示的图形。

"Ctrl"＋按住滚轮平移:三维线框显示时变换空间透视的方位角度。

"F1":帮助热键,提供必要的帮助信息。

键盘"Esc":放弃、退出。

2."轴线输入"菜单

程序中梁、柱、墙、支撑是根据网格线定位的,首先应输入布置柱、梁、墙、支撑的轴线网格。

点取"轴线网格"菜单,展开了轴线网格的下级菜单,如图 3-8 所示:

图 3-8　"轴线网格"下级菜单

程序提供各种基本的画线图素功能,如画节点、两点直线、圆弧、平行直线、折线、矩形、辐射线、圆来满足各种轴网的需求。对较规则的轴网,程序提供正交轴网和圆弧轴网输入菜单快速输入形式。同时,程序还可以直接将 AutoCAD 中的轴网信息直接导入进来。对于已有的轴网程序,提供复制、移动、旋转、镜像、偏移、延伸、截断和对齐等编辑命令。

对于大多数工程,在 YJK 程序中可以通过对话框输入轴网和单根网格线输入相结合的方式来完成轴网系统的建立。本工程轴网相对简单,可以通过正交轴网、圆弧轴网的拼装及绘制弧线和两点直线完成。模型平面图如图 3-9 所示,下面我们根据操作顺序详细介绍软件的操作过程。

(1)用正交网格命令建立轴网的左边部分

点击轴线网格下的"正交网格",弹出如下对话框。在开间和进深中通过鼠标双击常用

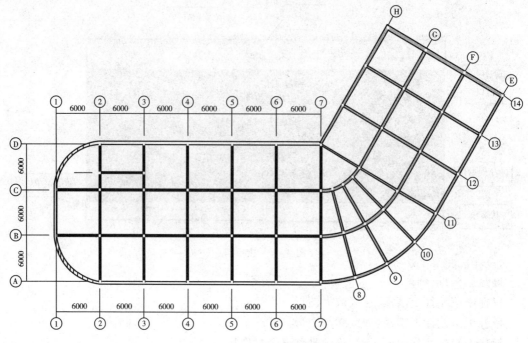

图 3-9　模型平面图

值,或者在轴网数据录入和编辑中通过输入形式输入轴网的数据。不同房间数据之间用空格键或者英文逗号隔开,当几个连续房间具有相同的开间或者进深时,可以使用开间/进深＊开间数/进深数来快速输入。这里,在"下开间"输入 6000＊6,在"左进深"输入 6000＊3。

　　在"输轴号"上打勾,程序可对每根轴线自动编号。从左到右从 1 号开始,自下至上从 A 开始。

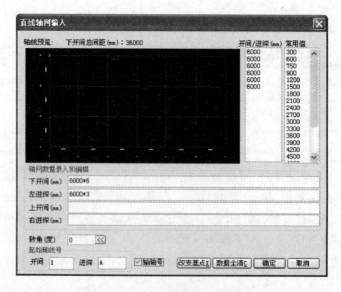

图 3-10　"直线轴网输入"对话框

　　开间、进深输入完成后,点击"确定"按钮插入至屏幕中,如图 3-11 所示。

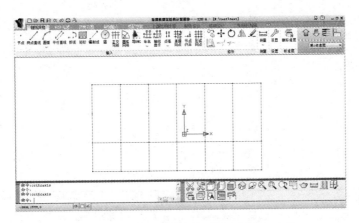

图 3-11 将直线轴网插入屏幕

(2)用正交网格命令插入轴网中倾斜的轴网部分

使用正交网格命令输入本模型中的右半部分,在下开间、左进深栏各输入 6000 * 3,在转角栏输入 60 度(图 3-12)。

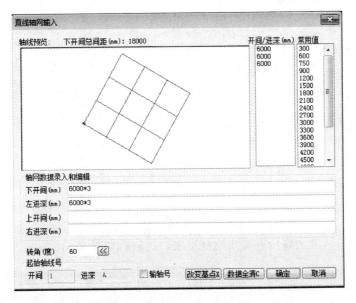

图 3-12 定义倾斜轴网

基点是网格在平面上布置时的插入点或者捕捉点,由于这部分新输的网格需要和平面上已有的网格在左上角的节点相交,因此需要调整基点的位置到左上角的节点。程序初始设置的基点在左下角,它是对话框画的网格中左下角加亮的点,因此点取对话框中"改变基点"按钮,直到基点移到左上角点。

最后,点击"确定"按钮,将轴网插入模型平面中,并移动鼠标使新轴网的基点和原有轴网的右上角节点捕捉相交(图 3-13)。

(3)用圆弧和射线命令建立中间连接部分的轴网

点击"圆弧"命令下的"圆心,起点,端点"按钮。左下角的命令栏中提示输入圆心,将光标放置在如图 3-14 中的点 1 处,并点击鼠标左键,此时命令栏中提示请输入起始点,将光

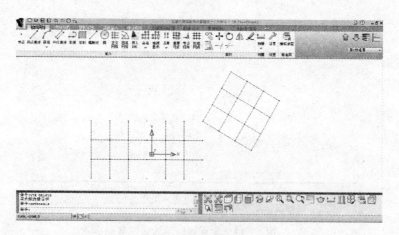

图 3－13　插入倾斜轴网

标放置在如下图中的点 2 处,并点击鼠标左键,命令栏的提示变为请输入终点,移动鼠标,在平面图上白色弧线轨迹随着光标的位置移动,将鼠标移动至点 3 处,点击鼠标左键。这条弧线绘制完毕。再次点击"圆弧"下的"圆心,起点,端点"按钮或者点击鼠标右键进入下一条弧线的输入。

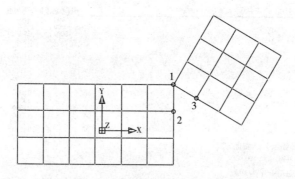

图 3－14　圆弧轴线的圆心、起始点和终点

使用相同的输入方法将所有弧线绘制出来。绘制后如图 3－15 所示。

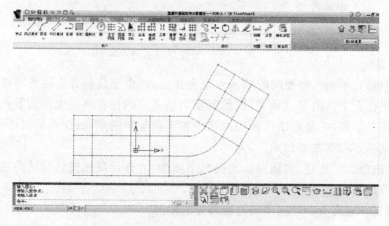

图 3－15　插入圆弧轴网

　　点击"辐射线"按钮,左下角命令栏中提示请输入基点,将光标移动至如图 3－16 所示的点 1,点击鼠标左键,命令栏中提示请输入第二个点。将光标移动至弧线 2 的中点,点击鼠标左键,命令栏中提示请输入第三个点。将光标移动至弧线 3 的中点,点击鼠标左键,命令栏中提示请输入复制角度增量(次数)。在命令栏中输入－15 并在键盘中点击空格键,命令栏中仍提示请输入复制角度增量(次数),在命令栏中输入 30 并点击空格键。

　　绘制后如图 3－17 所示。

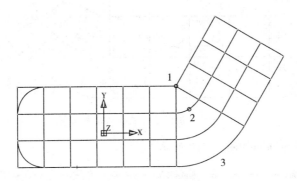

图 3－16　辐射线的基点、第二点和第三点

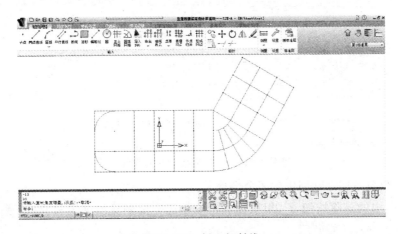

图 3－17　插入辐射线

(4)用两点直线方式输入轴网中的单根轴线

　　绘制单根轴线最方便的是追踪线输入方式加键盘坐标输入方式。追踪线输入方式为输入一点后该点即出现橙黄色的方形框套住该点,随后移动鼠标在某些特定方向(比如水平或垂直方向)时,屏幕上会出现拉长的虚线,这时输入一个数值即可得到沿虚线方向该数值距离的点,我们称这种虚线为追踪线。

　　点击"两点直线"按钮,将鼠标放置在点 1 处,当在 1 点出现橙色的方框后沿轴线向上移动鼠标出现白色引导线,在命令行中输入 2 点至 1 点的距离 2 250,并按下空格键确定绘制的起始点 2。移动鼠标至绘制的网格线的终点 3 附近与相交的网格线,出现垂足标示的三角形,点击鼠标左键完成该根轴线的绘制(图 3－18)。

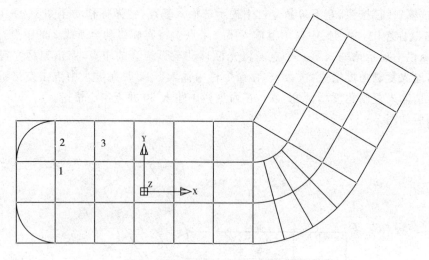

图 3-18　追踪线方式输入单根轴线

绘制完成后的平面轴网如图 3-19 所示。

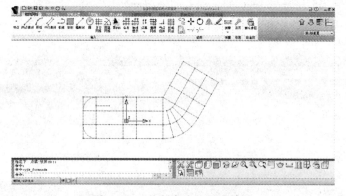

图 3-19　绘制完成的平面轴网

(5)用修改命令删除轴网中的多余部分

点击修改中的删除按钮 ✐，用鼠标点击或框选需要删除的轴线和节点，删除模型中多余的网格线，如图 3-20 所示。

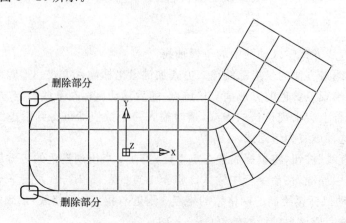

图 3-20　删除轴网的多余部分

删除后最终输入的轴线网格如图 3 - 21 所示。

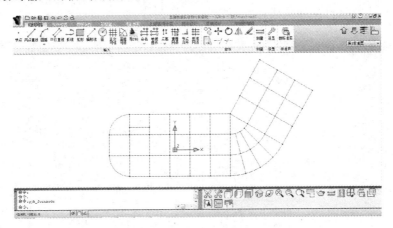

图 3 - 21　最终输入的轴线网格

3. 构件布置

当前标准层的轴线网格定义完毕后，即可在轴网上布置各类构件。

点击二级菜单中的"构件布置"按钮，程序由轴线网格直接切换到构件布置菜单下，如图 3 - 22 所示。通过本菜单，在轴网上布置柱、梁、墙、墙洞、斜杆、次梁等构件。

图 3 - 22　"构件布置"下级菜单

为了提高输入效率，我们把构件信息分成截面信息和布置信息两类。截面信息主要描述构件断面形状类型、尺寸、材料等信息。布置信息是描述构件相对位置的信息。对于柱，需要输入相对某一节点的偏心、转角等信息；而对于梁、墙等构件，则需要输入相对某一网格的偏心信息；还有一些构件需要更多的信息，如门、窗、楼板洞口等。

构件的输入都是先定义截面数据，再将其布置到网格、节点上。操作过程如下：

（1）点取"柱"按钮布置柱

在轴网的节点上布置柱。

点取"柱"按钮，弹出"柱布置"对话框，如图 3 - 23 所示：

左侧为柱截面列表框，右侧为柱的布置参数输入框

点柱截面列表框上的"添加"按钮来实现柱截面的定义。

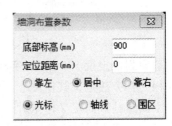

图 3 - 23　"柱布置"对话框

点击"添加"按钮后，出现柱截面输入的对话窗口（图 3 - 24）。在"截面类型"下拉菜单中列出了各截面的名称，在"截面类型"选择列表中列出各种类型柱的图形，在"截面类型"下拉菜单或者在选择列表中选择所需要增加的截面。

选择矩形截面后，程序出现"矩形柱截面尺寸定义"对话框，如图 3 - 25 所示。在"矩形截面宽度栏"的下拉列表中选择 500 或者直接输入 500，在"矩形截面高度"栏的下拉列表中

选择 500 或者直接输入 500,在"材料类别"的下拉列表中选择混凝土,混凝土代号是 6,或者直接输入 6,点击"确定"按钮完成柱截面 500×500 的定义。

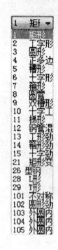
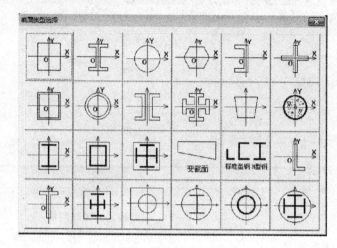

图 3-24 "柱截面类型选择"菜单及对话框

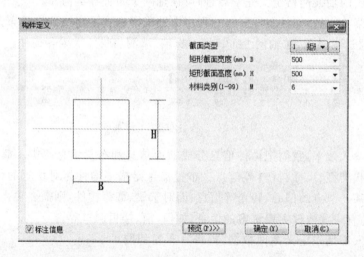

图 3-25 "矩形柱截面尺寸定义"对话框

截面列表出现 500×500 字样,表示已输入一个 500×500 的柱截面,如图 3-26 所示。用同样方法定义其他尺寸的柱截面。

上面是柱截面定义操作过程,梁、墙等其他构件的定义过程与柱相似。

下面将定义过截面信息的柱布置到平面图或三维轴测图中。用鼠标在柱截面定义列表中点取一种柱截面后,移动鼠标到平面上需要的位置,点击鼠标左键即可完成一根柱的布置。如果该柱存在偏心、转角,可同时在屏幕上的柱布置参数框中填写相应的参数值。

每个节点上只能布置一根柱,在已经布置柱的节点上再布置新柱时,新柱截面将替换已有的截面。

(2)平面视图和三维轴侧视图下的布置

① 在平面视图下布置

点取右下平面视图菜单，当前即处于平面视图下。选择刚刚定义好的 500×500 的柱,然后移动光标靶到某一节点上,节点上以白亮色预显柱截面布置后的状态,按鼠标左键,则将柱截面布放在该节点上。

②　在三维轴测图下布置

点取右下的轴侧视图菜单 ,可以切换到轴测视图状态,如图 3 – 27 所示。或者在平面视图下使用"Ctrl"＋鼠标滚轮拖动模型,也可把视角转换到三维轴测图的某一视角下。

在三维状态下显示时,在平面上画的红色网格节点上会自动衍生出便于柱梁布置的三维空间网格,即在节点上生出竖向直线,在楼层高度位置生出与平面网格对应的同样网格,这些衍生出的网格是灰色的。这

图 3 – 26　"柱截面列表"对话框

些生出的三维网格是为了便于构件的布置,如柱是垂直的,布置时可以点取竖向网格,梁的位置在楼层顶部,布置时可以点取楼层高度处的网格。

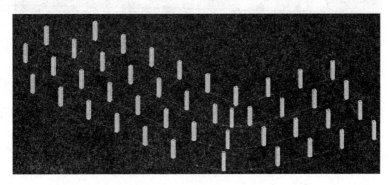

图 3 – 27　在三维轴测图下布置柱

(3)成批布置方式

除了逐根布置方式外,程序还有窗口布置、轴线布置、围区布置方式。在"柱布置参数"对话框上给出"光标"、"轴线"、"围区"布置三种方式选项,"光标"表示逐根布置方式。

"光标"布置和"窗口"布置是自动切换的,比如布置柱时,光标点到了节点后马上完成了该节点上柱的布置,但是如果光标点到空白处后将自动拉出一个窗口,再点一下确定窗口大小后,该窗口内所有节点上都会布置上柱,这就是窗口布置方式。

"轴线"布置方式是在同一条轴线上的所有节点上布置柱。

"围区"布置方式是由用户勾画一个任意多边形,程序在该多边形内的所有节点上布置柱。

图 3 – 28　"柱布置参数"对话框

布置柱时,柱的宽度所在的方向就是柱的布置方向。使用"光标"、"窗口"、"围区"方式布置柱时,柱宽方向的角度就是柱布置参数中的角度方向。"轴线"方式布置柱时,柱宽方向平行于所选轴线方向。

在本例中,可以采用"轴线"方式布置所有的柱。

(4)点取"梁"按钮布置梁

在网格线上布置梁。

先定义两种梁截面:300×600,250×500,在梁截面列表框上点取"添加"。定义梁截面的方法同柱截面的定义,不再重复。

接着布置梁,在梁截面列表中用鼠标选中 300×600 截面,再移动光标在需布梁的网格线上,程序以白亮色预显梁的布置效果。点击鼠标左键布置梁,如图 3-29 所示。

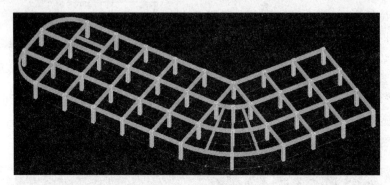

图 3-29 布置梁

如果梁和轴线之间有偏心,则应在"梁布置参数"对话框中输入布置的梁的偏轴距离。

本例中,假定梁没有偏心,可以采用对整层平面拉出一个窗口的方式布置所有的梁,然后再对次梁逐一布置 250×500 的梁替换。

对于偏心、高差相同的梁,每根网格上只能布置一根;如果高差不同,如层间梁可以布置多根。

(5)点取"墙"按钮布置墙

在网格线上布置墙,每个网格上只能布置一片墙。

在 2、7、9、12 轴及 B 轴的第一和第二跨布置墙,墙厚 200。定义和布置墙的方法同梁,布置完成后模型如图 3-30 所示。

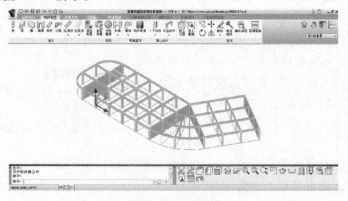

图 3-30 布置墙

（6）点取"墙洞"按钮布置门窗洞口

在已经布置好的墙上布置洞口，洞口为矩形。

点击"墙洞"按钮弹出墙洞截面列表对话框，进行墙洞的布置。首先，点击该对话框中的"添加"按钮弹出"构件定义"对话框，定义尺寸为 1 500×1 500 的洞口（3 - 31）。在矩形洞口宽度栏中输入 1 500 或者在该栏的下拉列表中选择 1 500，在矩形洞口高度栏中输入 1 500 或者在该栏的下拉列表中选择 1 500，点击"确定"按钮关闭构件定义对话框，这样尺寸为 1 500×1 500 的墙洞截面就定义好了（图 3 - 32）。使用相同的方法，定义尺寸为 1 200×2 400 的墙洞截面。

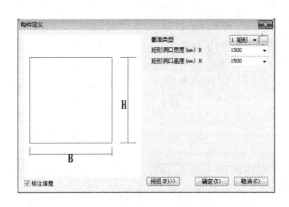

图 3 - 31 "洞口尺寸定义"对话框

图 3 - 32 墙截面列表

点取 1 500 * 1 500 的洞口尺寸后进行洞口布置，布置时应填写布置参数。洞口布置参数有两个（图 3 - 33）：底部标高和定位距离。底部标高就是洞口和墙底的距离，即窗台高度，如门洞则一般为 0，窗洞一般填 900 或 1 000。定位距离即洞口边和墙端的距离。如果洞口居中布置，可以简写表示填 0。如果输入一正值，程序自动选中靠左且数值表示洞口距墙左边的距离；输入一负值，程序自动选中靠右且数值表示洞口边缘距墙体右边缘的距离。

在"墙洞布置参数"对话框中的底部标高处填 900，输入定位距离处 0，或勾选居中。然后用鼠标放在要布置洞口的剪力墙上，程序在剪力墙上以白亮色预显洞口布置的效果，点击鼠标左键，窗洞口布置在预显位置，如图 3 - 34 所示。

图 3 - 33 "墙洞布置参数"对话框

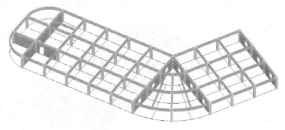

图 3 - 34 布置墙洞

（7）设置本层信息

这里输入本标准层必要的属性信息，主要是层高、构件材料强度等级、楼板厚度等。

点击"本层信息"按钮，弹出如图 3 - 35 所示的对话框定义本标准层的信息。在该对话框中将信息修改为板厚 150 mm、板混凝土强度等级 C30、板钢筋保护层厚度 15 mm、柱混凝土强度等级 C40、柱钢筋保护层厚度 20 mm，梁混凝土强度等级 C30、梁钢筋保护层厚度 20 mm、剪力墙混凝土强度等级 C40、梁钢筋类别 HRB 335、柱钢筋类别 HRB 335、墙钢筋类别 HRB 335、标准层高 3 600 mm。点击"确定"关闭该对话框。这些信息也可以在楼层组装下的各层信息里面统一设置。

图 3 - 35 "标准层信息"对话框

4. 楼板布置

点击二级菜单中的"楼板布置"按钮，展开该菜单下的三级菜单，如图 3 - 36 所示。

本菜单用于楼板的自动生成、楼板错层设置、板不同厚度设置、板洞口布置、悬挑板布置等。

(1)自动生成楼板

点击"生成楼板"按钮，程序将自动生成该层的所有楼板。程序给每个由梁或墙围成的房间自动生成楼板，楼板的厚度就是前面本层定义时设置的楼板厚度。

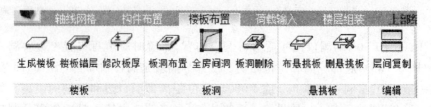

图 3 - 36 "楼板布置"下级菜单

(2)开"全房间洞"

对某个房间开设和房间大小相同的洞口。

点击"全房间洞"按钮，将鼠标放置在如图 3 - 37 所示的某房间楼板上，程序以白亮色框线表示执行"全房间洞"后的效果，点击鼠标左键，对该房间进行全房间开洞。

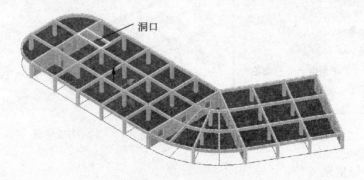

图 3 - 37 楼板开洞

（3）布悬挑板

点击"布悬挑板"命令，弹出"悬挑板截面列表"对话框，在该对话框中点击"添加"后弹出定义悬挑板的对话框，如图 3 - 38 所示。在该对话框中的悬挑板宽度列输入 0（0 表示悬挑板布置在网格全长范围内），在外挑长度列输入 1 000，板厚栏输入 0（0 表示悬挑板厚和与其相邻的楼板相同），点击"确定"按钮。

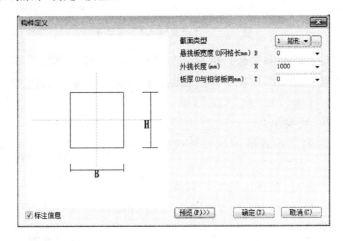

图 3 - 38　"悬挑板定义"对话框

点击悬挑板列表中定义的 0 * 1000 的悬挑板截面，将鼠标放置在梁的网格线上，程序以白亮色预显悬挑板布置的效果，点击鼠标左键悬挑板布置在预显位置。悬挑板布置完毕后，效果如图 3 - 39 所示。

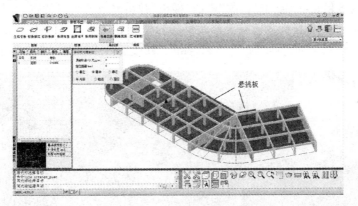

图 3 - 39　布置悬挑板

在"楼板生成"菜单下面有一些子菜单用于修改相应的信息，如楼板错层、修改板厚、布预制板、布悬挑板、全房间洞等。

在"板洞布置"里可以定义矩形、圆形或多边形洞口。板洞是布置在楼板上的，板洞的布置参数是相对于光标靠近的顶点而言的。输入板洞时可以根据定位数据的输入方便程度决定板洞的定位点。在布置板洞时，如果洞口已经预显在楼板范围外时，则不能输入洞口。

5. 荷载输入

这里输入作用于本层的荷载。

点击二级菜单中的"荷载输入"按钮，展开该菜单下的三级菜单（图 3 - 40）。程序将荷载输入分为"总信息"、"恒荷载"、"活荷载"、"人防荷载"、"吊车荷载"五部分。在总荷载中,对楼板荷载进行综合的定义,在恒、活荷载中修改个别楼板上的荷载数值以及输入梁、柱、墙、节点上的荷载。

图 3-40 "荷载输入"下级菜单

一般的操作是输入恒载和活载。恒载分为楼板、梁墙、柱、次梁、墙洞、节点六个类别输入,分布在左侧,以蓝色菜单图标显示。活载也是分为这六类输入,分布在右侧,以红色菜单图标显示。

(1)点取"楼面恒活"菜单

设置本层所有房间上布置的恒载和活载的均布面荷载。

点击"楼面恒活"按钮,在弹出的楼面荷载设置菜单中输入恒载 5 kN/m² 和活载 2 kN/m²,如图 3-41 所示。点击"确定"关闭该菜单。

(2)点取恒载的"楼板"菜单

当个别房间的楼面恒载或活载数值和上一步定义的不同时,在恒载或活载栏中选择楼板,输入修改后的

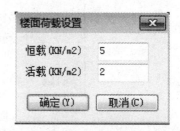

图 3-41 "楼面荷载设置"对话框

数值,并点取相应的房间,该房间的恒载或活载随之发生相应的变化。本例题中将中间一处楼板的恒载改为 8 kN/m²,点击"恒载"中的"楼板"弹出修改荷载对话框,在该对话框中的输入恒载值栏中输入 8,将鼠标放置在要修改恒载的楼板上,程序以白亮框显示该楼板区域,点击鼠标左键将该楼板上的荷载修改为 8 kN/m²。修改后效果如图 3-42 所示。

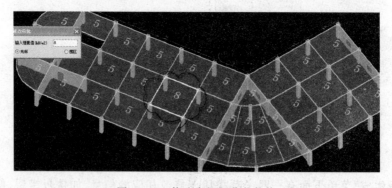

图 3-42 修改房间恒荷载数值

(3)输入恒载的"梁间荷载"

布置沿着周边梁的填充墙造成的均布线荷载为 2 kN/m。

点取恒载的"梁墙"荷载按钮,在如图 3-43 所示的对话框中点取"添加"按钮。

再选择荷载类型。对于填充墙,可以在"荷载类型"下拉列表中选"均布荷载"。在输入荷载数值的对话框中输入荷载数值 2,如图 3-44 所示,并点击"确定"按钮。

添加荷载后,直接用光标选取需要布置荷载的构件。在模型图中显示当前荷载(恒载或

活载)状态下所施加的所有荷载,如图 3 - 45 所示。

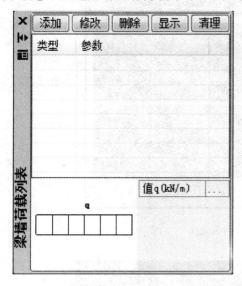

图 3 - 43 "梁墙荷载列表"对话框

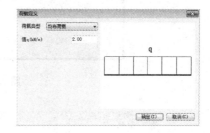

图 3 - 44 均布荷载定义

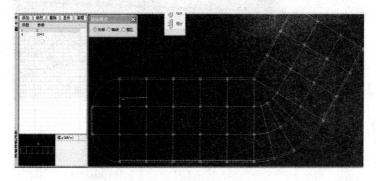

图 3 - 45 布置梁墙荷载

(4)输入活载的"梁间荷载"

布置若干梁上的集中荷载。

点取活载的"梁墙"荷载按钮,在梁荷载列表框中点取"添加"按钮,定义一个梁间集中力荷载,集中力为 10 kN,距离参数为 3 m,如图 3 - 46 所示。

添加荷载后,在如图 3 - 47 所示的若干梁上布置该活荷载。

6. 输入其他标准层

本模型中总共有三个标准层,第 2 标准层除层高与第 1 标准层不同外,其他信息和第 1 标准层完全相同。第 3 标准层的平面为第 1 标准层的一部分,并做了部分的更改。

(1)生成第 2 结构标准层

点取👆按钮或者直接在标准层下拉菜单下点取"添加新标准层",弹出如图 3 - 48 所示的"添加标准层"对话框,勾选"全部复制",点击"确定"按钮,程序生成第 2 标准层。

在第 2 标准层下,执行构件布置下的"本层信息"菜单,输入本标准层层高为 3 300。

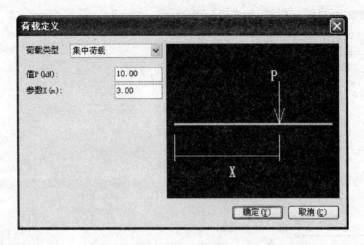

图 3-46　集中荷载定义

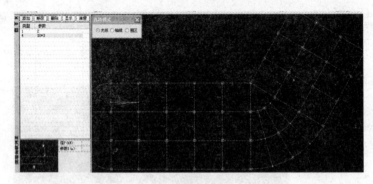

图 3-47　布置梁上活荷载

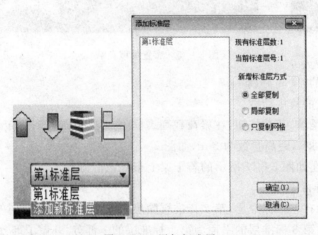

图 3-48　添加标准层

（2）生成第 3 结构标准层

再次点取⬆按钮或者直接在标准层下拉菜单下点取"添加新标准层"，弹出"添加标准层"对话框，勾选"局部复制"，用窗口选取平面的左半部分，取消右半部分弧轴线和斜向轴线的部分，点击"确定"按钮，在标准层上框选如图 3-49 所示部位，点击鼠标右键，程序生成第

3 标准层。

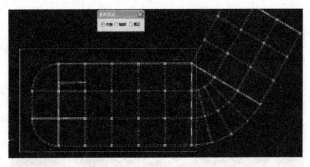

图 3-49　复制局部楼层形成新标准层

（3）在第 3 标准层上布置上下悬挑部分

需要在第 3 标准层平面的上部和下部各布置悬挑 1 500 和 2 000 的部分，即将 2～7 轴的框架梁各往上和往下悬挑出 1 500 和 2 000，并在端头设水平向的封口梁（250＊500）。

先输入上部和下部悬挑端头的封口梁用的水平线，如图 3-50 所示。输入"两点直线"，采用参照定位方式，如上部水平线是参照左上和右上的节点输入的。

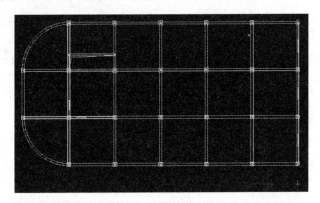

图 3-50　布置悬挑部分

使用轴线网格下的"延伸"菜单 ⊢-/ ，将 2～7 轴梁分别向上和下延伸到刚输入的水平线位置（图 3-51）。点左键选择要延伸的对象，点一下右键，再点左键连续选择要延伸的对象。

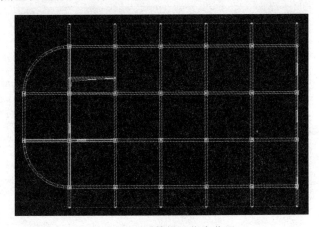

图 3-51　延伸梁至指定位置

再布置封口梁。最终布置的3标准层效果如图3-52所示。

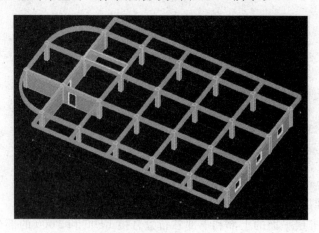

图3-52　布置封口梁

7. 楼层组装

点击二级菜单中的"楼层组装"按钮,展开该菜单下的三级菜单命令,如图3-53所示。

图3-53　"楼层组装"下级菜单

点取菜单中的"楼层组装"菜单按钮▊进行楼层组装。楼层组装就是将已经输入的各个标准层按照设计需要的顺序逐层录入,搭建出完整的建筑模型。

出现"楼层组装"对话框,选择第1标准层,选"自动计算底标高",下面的编辑框填0(表示首层底标高是0m),点取"增加"按钮,如图3-54所示,完成了第1层的组装。程序自动计算下一个楼层的底标高,选择第2标准层点取"增加"按钮完成2、3、4层的组装,选择第3标准层点取"增加"按钮完成5、6、7层的组装。组装结果如图3-54所示。

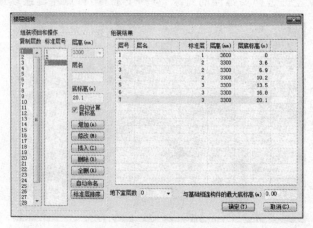

图3-54　"楼层组装"对话框

点击"确定"按钮,关闭"楼层组装"对话框,点击程序窗口右上角的全楼模型按钮，查看整体模型如图 3-55 所示。

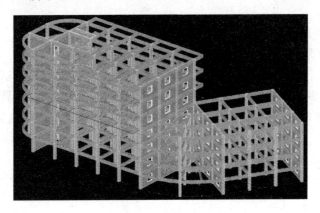

图 3-55　整楼模型

8. 模型荷载输入结束,进入上部结构计算

模型布置完成后,点击"上部结构计算"菜单。程序自动弹出提示"是否保存模型文件"框,选择"是",如图 3-56 所示。

第一次进入上部结构计算前,程序需要做数据整理工作,并做数据合理性检查。如图 3-57 所示对话框是整理的内容,在第一次退出建模时,框中程序隐含打勾的选项都应该执行。

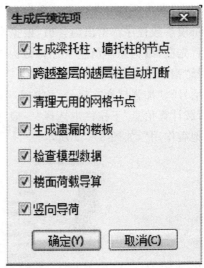

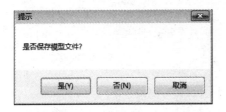

图 3-56　"保存模型提示"对话框　　　　　　图 3-57　"生成后续选项"对话框

9. 建模过程中的即时帮助功能

软件设置了 3 个层次的即时帮助功能。第一个:鼠标停留在任何一个菜单下 1.5 秒,给出菜单功能简短的提示;第二个:鼠标继续停留在任何一个菜单下 4.5 秒,就会显示该菜单操作更详细的说明以及图形或三维动画演示;第三个:在任一菜单下按 F1 键,屏幕上给出该菜单的用户手册和技术条件说明中的文档,F1 键获得帮助是一般软件通用的帮助方式。

对于熟练用户,可点击右上角的问号,关闭第 2 个层次演示三维动画的帮助方式,以免干扰操作。

3.4.3 上部结构计算

1. 前处理及计算

进入上部结构计算后,首先进入前处理及计算菜单。计算前处理包括的菜单有:计算参数、特殊构件定义、多塔定义、楼层属性查看修改、风荷载查看修改、柱计算长度查看修改、生成结构计算数据、数据检查报告、计算简图。这些内容是在模型荷载输入完成后对结构计算信息的重要补充。

图 3-58 前处理及计算菜单

(1)计算参数定义

第一次结构计算前,计算参数菜单是必须要执行的。在反复计算调整中,如回到建模菜单修改模型与荷载输入,或者调整前处理的其他菜单时,如果没有对设计计算参数内容进行修改,可以不再执行计算参数菜单。

点击"计算参数"按钮,弹出 YJKCAD—参数输入对话框。设计参数共有"结构总体信息"、"计算控制信息"、"风荷载信息"、"地震信息"等十个选项卡,每页选项卡的标题排列于左侧,分别点击即打开各个卡的参数页。

每项参数程序都给出隐含值,根据本工程要求,可作出以下的参数设置。

首先在"结构总体信息"中的"结构体系"下拉栏中选择"框剪结构","结构材料"下拉栏中选择"钢筋混凝土"、"地下室层数"、"与基础相连构件最大底标高"、"裙房层数"、"转换层所在层号"、"加强层所在层号"均输入 0,"恒活荷载计算信息"下拉栏中选择"一次性加载","风荷载计算信息"下拉栏中选择"一般计算方式","地震作用计算信息"下拉栏中选择"计算水平地震作用",如图 3-59 所示。

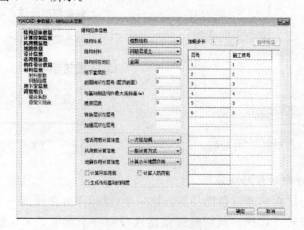

图 3-59 结构总体信息

　　将菜单切换到"计算控制信息"中,勾选"梁刚度放大系数按 10《混凝土规范》3.2.4 条取值",如图 3-60 所示。

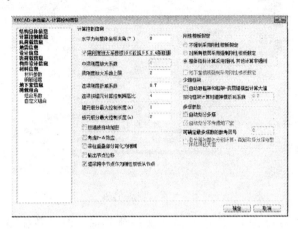

图 3-60　计算控制信息

　　将菜单切换至"风荷载信息"中,"地面粗糙度类别"勾选 B 项。在"修正后的基本风压"中填写 0.45,如图 3-61 所示。

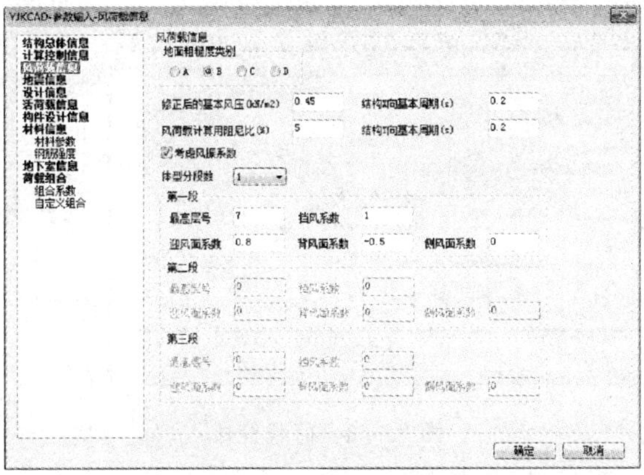

图 3-61　风荷载信息

　　将菜单切换至"地震信息"中,在"设计地震分组"中勾选"一",在"设防烈度"栏下拉列表中选择"7(0.1g)",在"场地类别"下拉列表中选择"Ⅰ1",在"结构阻尼比"行输入"5",在"计算振型数量"勾选"程序自动"并在"质量参与系数之和"行填入"90",如图 3-62 所示。

　　点击"确定"按钮,完成参数输入。

　　掌握这里的即时帮助功能,鼠标点击任一个参数后按"F1"键,屏幕上将立即显示该参数的使用说明,包括说明书和技术报告中的相关内容。因此,对于不熟悉的参数,用户可以即时得到帮助。

　　(2)荷载校核

　　输出用户输入的各种荷载和楼板导算结果的荷载以及结构自重等,这些荷载简图可作为用户前处理的重要保存内容,如图 3-63 所示。

　　可提供各层荷载简图,包括恒载、活载、人防荷载的内容。作用在梁、墙、柱、节点上的荷

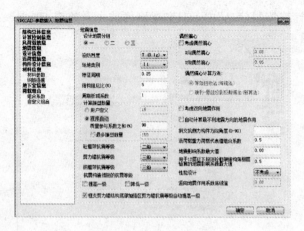

图 3-62 地震信息

载,均以数值的形式标在杆件上,数值的格式就是荷载输入时的数据格式,如梁墙荷载是荷载类别、荷载值、荷载参数等。进入本菜单后先显示第一层的荷载简图,并弹出显示内容控制菜单在屏幕右侧。还可对荷载做各种统计输出,如各层的人工输入荷载总值、楼面荷载导算总值、竖向荷载总值、水平荷载总值等。

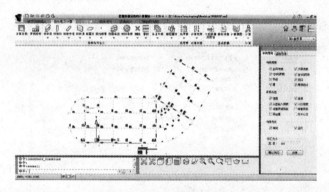

图 3-63 荷载校核

(3)特殊构件定义

这项菜单,可对结构计算作补充输入,可补充定义特殊柱、特殊梁、特殊墙、弹性楼板单元、节点属性、抗震等级和材料强度信息等八个方面。用户可在这里进行检查修改。本模型中对各构件无特殊修改,在此仅做查看。各命令的具体相关内容和依据可在相关命令下按"F1"帮助文档进行查看或阅读《用户建模手册》。

特殊构件定义、多塔定义、楼层属性、风荷载、柱计算长度等菜单是根据需要执行的,不是必须执行的菜单。在反复计算调整中,如果没有新的修改,这些菜单也不必重新运行。

(4)生成计算数据及数检

结构计算前必须要生成结构计算数据,没有这一步不能查看结构计算简图。但是这一步的操作可以和后面计算的操作连续进行。

(5)计算

软件可以从生成数据到结构计算再到配筋设计一个按钮全部实现,也可以单独选择只生成数据、只计算,或者只设计。

点击生成数据＋全部计算,软件自动先生成数据,然后再进行计算,最后进行配筋设计。

2. 设计结果

全部计算完成,软件自动切换到设计结果界面,如图 3-64 所示。

程序提供两种方式输出计算结果:一是各种文本文件,二是各种计算结果图形。

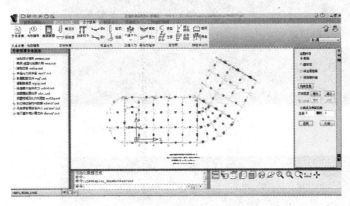

图 3-64　设计结果查看

(1)图形结果查看

以下是一般应查看的计算结果图形和基本操作。

① 构件编号图

编号简图用来查看各类型构件的计算编号,以便于对照文本文件的输出结果,如图 3-65 所示。

图 3-65　构件编号图

② 配筋简图

配筋简图用图形方式显示构件的配筋结果,图形名称是 WPJ ＊. DWY,如图 3-66 所示。

应读懂柱、梁、墙柱、墙梁钢筋的表示方法。

如有超筋或超规范要求现象,图中相应数字变为红色。

③ 轴压比简图

轴压比简图用来查看柱、墙轴压比计算结果及超限检查结果,如图 3-67 所示。

④ 边缘构件简图

边缘构件简图用来查看剪力墙边缘构件的设计结果,如图 3-68 所示。**软件根据 10 版**

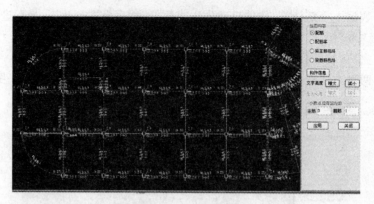

图 3-66 配筋简图

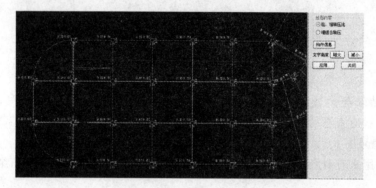

图 3-67 轴压比简图

新规范的相关规定进行边缘构件设计,按墙组合轴压比确定底部加强部位边缘构件类型,可以考虑临近边缘构件的合并,采用与平法一致的命名方法,配筋结果标注上采用了与框架柱类似的表达方式。

可使用"移动标注"菜单对边缘构件的标注部分进行移动操作。

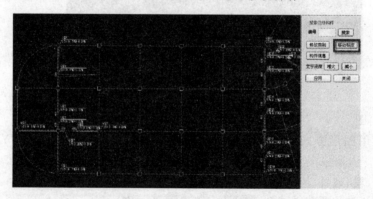

图 3-68 边缘构件简图

⑤ 标准内力简图

标准内力简图分为二维内力简图和三维内力简图两种。对于梁、墙梁,提供内力线图画法;对于柱、支撑、墙柱,提供标准内力文字标注画法。例如,图 3-69 为选择各荷载工况查看梁弯矩图,图 3-70 为选择各荷载工况查看柱底内力图。

⑥ 梁设计内力包络图

设计内力图中标注的内力是指配筋最大所对应的设计内力，如图 3-71 所示。

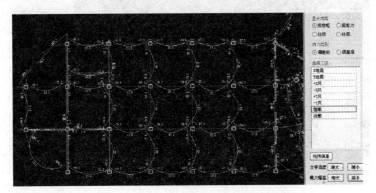

图 3-69　选择各荷载工况查看梁弯矩图

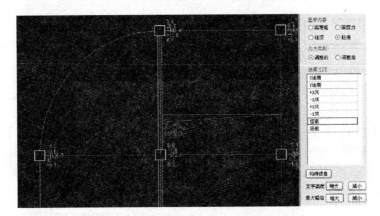

图 3-70　选择各荷载工况查看柱底内力图

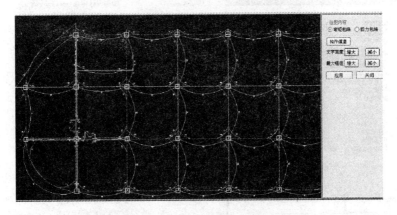

图 3-71　梁设计内力包络图

⑦ 位移动画

点取"位移"菜单，并选择动画方式显示各个荷载工况下结构的变形状况。

在右侧菜单中切换各个荷载工况，查看位移动画，如图 3-72 所示。通过变形动画，可检查结构是否正常、有何缺陷等。

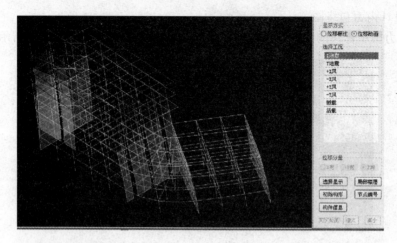

图 3-72　位移动画

⑧ 计算结果图形输出

点取位于屏幕右下的"批量输出图形结果"菜单，即弹出如图 3-73 所示的对话框：

选择需要输出的图形，如果需要将这些图形同时转化成 AutoCAD 的 dwg 格式文件，可在对话框下部的"同时转换成 dwg"选项上打勾。

（2）文本结果查看

点取"文本结果"菜单，弹出输出的文本结果列表框。点击框中的某一文件双击，即可打开该文件查看，如图 3-74 所示。

一般应熟练掌握的是：结构设计信息 wmass.out，周期、振型与地震作用 wzq.out，结构位移 wdisp.out，各层配筋文件 wpj*.out 等。

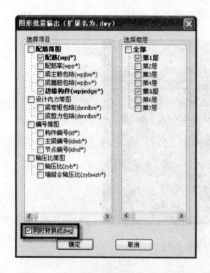

图 3-73　"图形批量输出"对话框

图 3-74　"分析结果文本显示"对话框

第 4 章 Midas Building 软件的应用与实例

4.1 Midas Building 软件概述

Midas Building 是由北京迈达斯技术有限公司开发的新一代结构分析设计系统,使用了最新的计算机技术、图形处理技术、有限元分析技术及结构设计技术,为用户提供了全新的建筑结构分析和设计一站式解决方案。Midas Building 软件登录界面如图 4-1 所示。该软件主要由建模师(Building Modeler)、结构大师(Structure Master)、基础大师(Foundation Master)及绘图师(Building Drawer)四个模块组成。其中,建模师是三维结构模型自动生成系统;结构大师是基于三维的结构分析与设计系统;基础大师是基于三维的基础分析与设计系统;绘图师是上部结构和基础施工图自动生成系统。

图 4-1 软件登录界面

4.1.1 Midas Building 软件的特点和功能

Midas Building 使用了基于 Windows 的面向对象的开发技术及图形处理技术,其用户操作界面提供了直观简便的操作流程以及丰富多样的分析和设计结果。该软件提供了对设计全流程的解决方案,具体体现在以下几个方面:

(1)建模、分析、设计、施工图、校审的贯穿设计产品的全流程设计。

(2)从上部结构到地下基础的全流程设计。

(3)从整体分析到详细分析的全流程设计。

(4)从线性分析到非线性分析的全流程设计。

(5)从安全性设计到经济合理性设计的全流程设计。

Midas Building 在提供全面功能的同时,比较注重提供实现功能的技术,其全新的分析和设计技术主要体现在以下几个方面:

(1)建模技术:包括建筑图的自动识别技术,铺建筑底图建模技术(图 4-2)等。

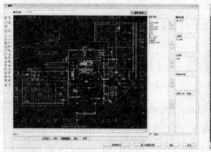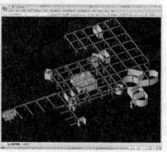

图 4-2 铺建筑底图建模技术

(2)抗震分析技术:由振型参与质量系数自动确定振型数量(图 4-3),自动选波及校审功能(图 4-4),准确计算最不利地震作用方向等。

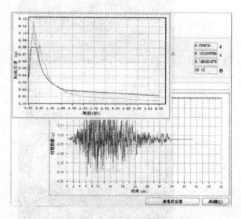

图 4-3 自动计算振型数量　　　　　　　图 4-4 自动选波及校审

(3)非线性分析技术:全新的带洞口的非线性剪力墙单元,自动生成弹塑性分析数据(图 4-5),利用构件的实际配筋结果计算非线性铰特性值功能。

图 4-5 一键式生成弹塑性分析数据

（4）分析技术：梁、柱、墙及基础的活荷载不利布置，按梁单元建模→按板单元分析→按梁设计的转换梁设计技术（图 4－6），剪力墙和楼板的有限元详细分析技术等。

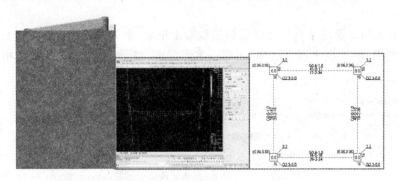

图 4－6 转换梁的建模、分析与设计

（5）设计技术：弧形墙设计（图 4－7），考虑翼缘的剪力墙设计，任意截面柱设计，有限元导荷及分析的异形板设计，任意形状的独立基础设计，按压弯构件或板构件设计地下室外墙技术（图 4-8），各种人防构件设计等。

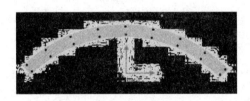

图 4－7 弧形墙设计

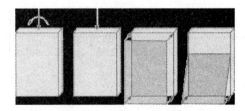

图 4－8 地下室外墙设计

（6）基础分析和设计技术：桩基变刚度调平设计，全面考虑地下水浮力的设计，防水板的设计，与三维地质图联动分析，考虑上部结构刚度的分析，有限元分析板带法整理内力技术等。

（7）施工图功能：开放用户选筋方案库，为限额设计提供选筋方案的优化功能（图 4-9），单位用钢量的统计，方便快捷的编辑功能，全面支持上部结构和基础的施工图绘制，按实配钢筋进行验算的功能，批量输出施工图功能等。

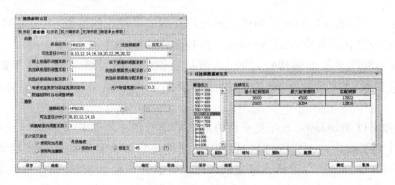

图 4－9 优选钢筋库

（8）校审功能：对荷载、截面和结构布置、分析结果、设计结果、施工图的正确性及经济性、基础设计的合理性进行专家水准的校审，可以按规范的强制条文、构造要求及设计经验自动校审（图 4 - 10），可以准确定位错误及超限构件并给出超限信息，最后输出专家水准的审核报告。

　　Midas Building 适用于高层和多层钢筋混凝土框架、框架-剪力墙、剪力墙及筒体结构以及高层钢结构及钢-混凝土混合结构，还可以考虑多塔、错层、转换层等复杂结构形式的三维结构分析与设计软件。

图 4 - 10　自动校审

4.1.2　Midas Building 软件主要模块简介

　　Midas Building 四个模块中，结构大师和基础大师为基本模块，建模师和绘图师为辅助模块。本章主要介绍结构大师、基础大师和绘图师模块。

　　结构大师是基于三维的建筑结构分析和设计系统，是 Midas Building 的主要模块之一。具有以下特点：

　　（1）基于实际设计流程的用户菜单系统。

　　（2）基于标准层概念的三维建模功能，提高了建模的直观性和便利性，从而提高了建模效率。

　　（3）完全自动化的分析和设计功能且向用户开放了各种控制参数，其自动性和开放性不仅能提高分析和设计的效率，而且能提高分析和设计的准确性。

　　（4）不仅包涵了最新的结构设计规范，而且提供三维图形结果和二维图形计算书、文本计算书、详细设计过程计算书，并提供各种表格和图表结果，可输出准确美观的计算报告。

　　基础大师是以 Windows 为开发平台的地基基础专用三维结构分析设计软件，是 Midas Building 的主要模块之一。它既可以从结构大师模块导入上部结构的分析数据，也支持独立建模功能做基础的分析与设计。基础大师可以完成柱下独立基础、弹性地基梁、平板式筏基、梁板式筏基、柱下独立承台基础、承台梁、桩筏基础的分析设计。

　　绘图师是上部结构和基础施工图自动生成系统。

4.2　结构大师模块基本功能和设计实例

4.2.1　结构大师模块的基本功能

1. 主要建模功能

(1) 使用建筑底图或结构底图建模

(2) 自动生成墙洞口

(3) 基于标准层的三维建模功能

(4) 分析和设计参数的整合

(5) 项目管理功能和数据库共享功能

2. 主要分析功能

(1) 地震波适用性自动判别和自动调幅

(2) 自动设置振型质量参与系数

(3) 自动计算最不利地震作用方向并在此方向加载设计

(4) 基于影响面分析的活荷载不利布置分析(可考虑竖向构件)

(5) 特殊分析功能(施工阶段分析、P—Delta 分析、温度分析等)

(6) 具有数检功能的弹塑性分析

(7) 可导入施工图中的实际配筋准确计算所有构件的铰特性

(8) 全新的带洞口的纤维模型非线性剪力墙单元

(9) 可以按整体结构、楼层及构件三个层次输出弹塑性分析结果

3. 主要设计功能

(1) 提供各荷载工况、荷载组合的设计结果

(2) 提供与模型联动的单体构件设计工具

(3) 提供人防构件的设计

(4) 提供弧墙、异形柱、异形板的设计

(5) 提供任意形柱的设计

4. 计算书及结果输出

(1) 提供二维图形结果和文本计算书

(2) 提供详细计算过程计算书

(3) 提供三维图形结果和图表结果

(4) 提供超筋超限信息

(5) 提供专家校审功能和校审报告

4.2.2　结构大师模块界面

结构大师主界面如图 4-11 所示,各部分功能如下:

(1) 标题栏:显示软件名及文件路径与文件名。

(2) 主菜单及丽板菜单:菜单按操作过程排列,点击主菜单激活丽板菜单,双击主菜单的名称位置可以展开丽板菜单,再次双击又可以隐藏丽板菜单。

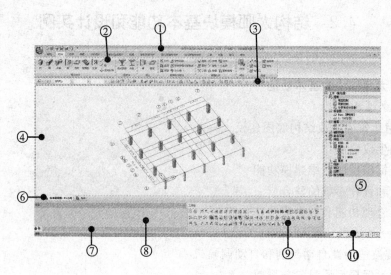

图 4-11　结构大师模块界面

（3）工具栏：便捷的工具栏图标，根据需要用户可以自定义图标。

（4）主窗口：显示建模图形的界面，可从各个角度查看模型及边界条件、荷载等信息。

（5）目录树：前处理中，工作目录树按照树形结构显示模型从输入到分析的设定状态，能够一目了然地对目前模型的数据输入状况进行确认，并提供了可以对其进行修改的拖放方式的建模功能。后处理中，结果目录树分别显示二维图形结果、文本结果和非线性分析结果。

（6）视图控制键：前处理中，通过控制键可以简单地在标准层视图和楼层视图之间切换。后处理中，通过控制键可在 2D 图形结果和 3D 图形结果或模型视图之间切换。

（7）命令行：在命令栏中可使用简化命令，输入"h"或"help"点"Enter"键可显示简化命令列表。

（8）信息窗口：显示正在执行的功能信息。

（9）图标工具箱：包含了建模过程中常使用的所有工具，方便用户建模。

（10）单位体系：使用此功能可在前后处理中方便地切换单位体系。

4.2.3　设计实例

1. 结构基本信息

该项目为钢筋混凝土框架-剪力墙结构办公楼，地上八层，位于上海地区。混凝土强度等级为 C30，钢筋材料为 HRB 400。屋面恒载（不含自重）为 $1.0\,\mathrm{kN/m^2}$，活载为 $1.5\,\mathrm{kN/m^2}$；办公室恒载（不含自重）为 $3.0\,\mathrm{kN/m^2}$，活载为 $2.0\,\mathrm{kN/m^2}$；大厅恒载（不含自重）为 $2.0\,\mathrm{kN/m^2}$，活载为 $5.0\,\mathrm{kN/m^2}$。建筑场地为 II 类场地，抗震设防烈度为 7 度，设计地震分组为第 1 组。修正后基本风压为 $0.45\,\mathrm{kN/m^2}$，风荷载体型系数为 1.3，地面粗糙度为 B，分段数为 1。构件信息见表 4-1 所列。

表 4-1　构件信息

构　件	类　别	尺　寸(mm)
柱	1F~4F 方柱	1000×1000
	5F~8F 方柱	1000×1000
	1F~7F 圆柱	1000
梁	次梁	300×700
	主梁	400×800
剪力墙	全部	240
楼板	全部	120

2. 建立轴网(图 4-12)

(1)主菜单:结构→轴网

(2)打开正交轴网视图

(3)分别输入 X 轴和 Y 轴的轴网间距

X 轴:2@8400,2400,2900,3100,8400

Y 轴:8000,3@2800,1850,8000

(4)点击"插入到轴网视图"按钮

(5)插入到模型视图

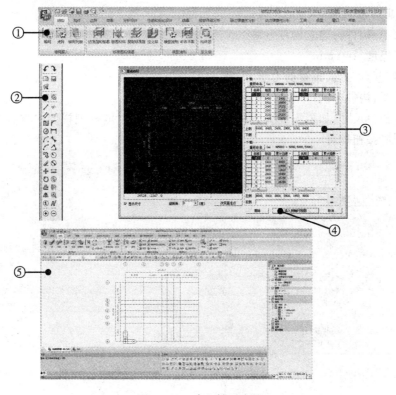

图 4-12　建立轴网步骤

3. 布置柱(图 4-13)

(1)主菜单:构件→建立构件→柱

(2)点击"新建"按钮,定义截面

(3)定义截面类别和尺寸

(4)通过"一点"、"两点"、"轴"、"窗"、"围"的方式布置柱

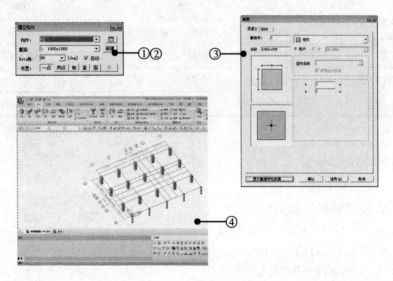

图 4-13　布置柱步骤

4. 布置剪力墙及洞口(图 4-14)

(1)主菜单:构件→建立构件→墙

(2)选择厚度:240 mm

(3)通过"两点"方式布置剪力墙

(4)主菜单:构件→洞口→墙

(5)选择洞口尺寸,如果不在列表中,可以自定义。在左侧模型视图中选择相应的剪力墙,点击"添加"按钮即可

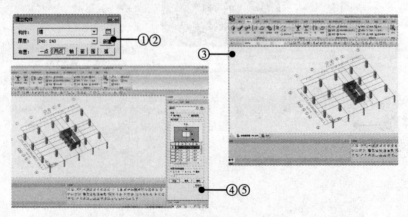

图 4-14　布置剪力墙及洞口步骤

5. 布置主梁和次梁(图 4-15)

(1)主菜单:构件→建立构件→梁

(2)选择截面

(3)通过"轴"方式布置梁

(4)主菜单:构件→建立构件→次梁

(5)选择截面,端部铰选择"释放两端约束"

(6)通过"两点"方式布置次梁

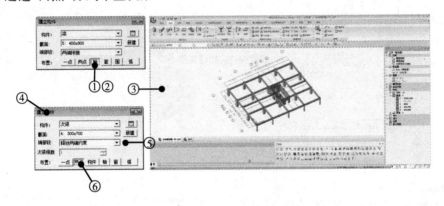

图 4-15　布置主梁和次梁步骤

6. 布置楼板(图 4-16)

(1)主菜单:构件→建立构件→楼板

(2)选择厚度:120 mm

(3)点击"自动生成"建立楼板

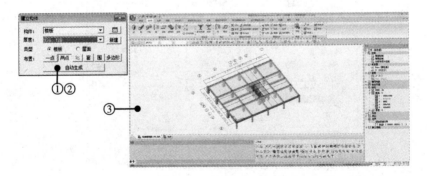

图 4-16　布置楼板步骤

7. 楼层组装(图 4-17)

(1)工作目录树:楼层→1F,右键选择"复制多个楼层",输入楼层数"7"后,回车

(2)主菜单:窗口→模型窗口→新楼层

(3)工具箱中切换各种视图,以便于选择构件并删除

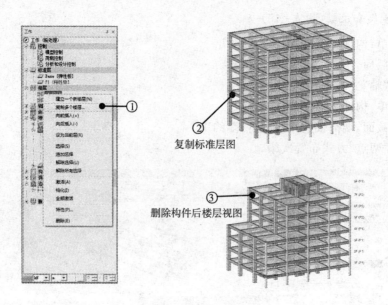

图 4-17 楼层组装步骤

8. 标准层和楼层(图 4-18)

(1)主菜单:结构→标准层和楼层

(2)选择各标准层对应的楼板类型

(3)输入各层层高

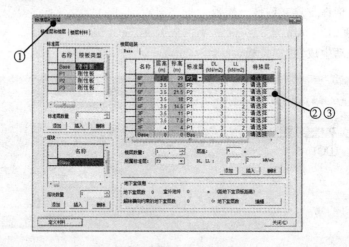

图 4-18 标准层和楼层对话框

9. 定义荷载

(1)主菜单:荷载→楼板

(2)输入楼板荷载,在模型视图中选择相应楼板后,点击"添加/替换"按钮进行修改。(图 4-19)

(3)主菜单:荷载→梁

(4)输入荷载数值,在左侧模型视图中选择梁构件后,点击"添加/替换"按钮进行修改。(图 4-20)

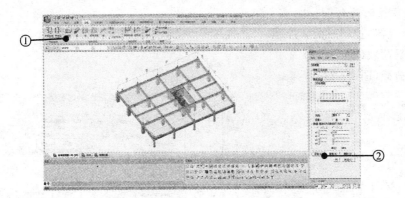

① ②

图 4 - 19　定义楼板荷载

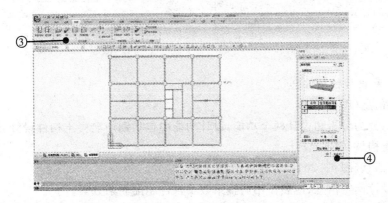

③ ④

图 4 - 20　定义梁荷载

10. 模型控制信息

(1)工作目录树：控制→模型控制

(2)编辑模型控制数据(图 4 - 21)

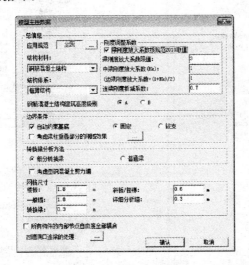

图 4 - 21　模型控制数据

11. 荷载控制信息

工作目录树:控制→荷载控制。

(1)一般荷载(图 4-22)

(2)风荷载(图 4-23)

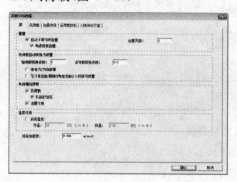

图 4-22　一般荷载

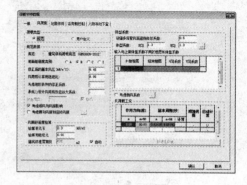

图 4-23　风荷载

12. 分析和设计控制信息

(1)控制信息(图 4-24)

控制信息分为分析和设计两个功能,设计功能中包括钢筋混凝土构件设计、钢构件设计和钢骨混凝土构件(SRC)设计。

(2)调整信息(图 4-25)

定义梁设计调整信息、地震作用调整系数及构件超配筋系数等。

(3)设计信息(图 4-26)

(4)钢构件设计

(5)钢筋信息(图 4-27)

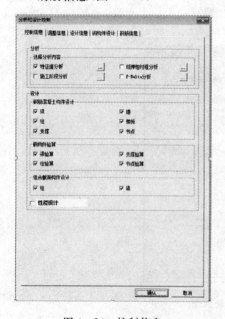

图 4-24　控制信息

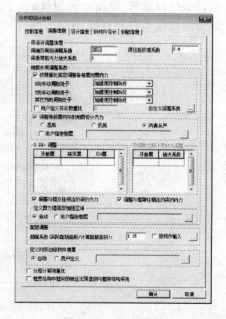

图 4-25　调整信息

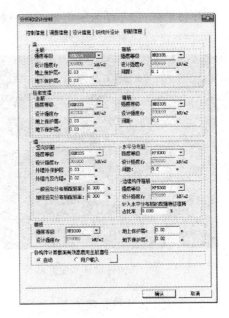

图 4-26　设计信息　　　　　　　　　　　图 4-27　钢筋信息

13. 运行分析并查看结果

(1)主菜单:分析设计→分析设计(F5)

(2)结构平面简图(图 4-28)

工作目录树:图形结果→默认→结构平面简图。

(3)楼板荷载(图 4-29)

工作目录树:图形结果→荷载简图→楼板荷载。

可选择显示恒荷载(DL)、活荷载(LL)及构件自重。

括号内数字为构件自重。

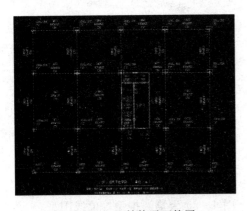

图 4-28　4F 结构平面简图

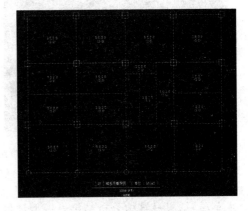

图 4-29　楼板荷载

(4)各构件设计及验算结果(图 4-30)

工作目录树:图形结果→各层配筋简图→各构件设计及验算结果。

(5)楼板裂缝宽度(图 4-31)

工作目录树:图形结果→裂缝宽度→楼板裂缝宽度。

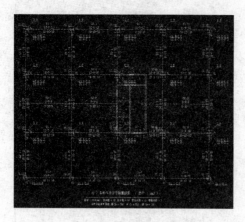

图 4-30　各构件设计及验算结果

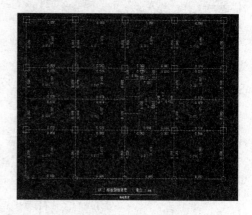

图 4-31　4F 楼板裂缝宽度

(6)柱轴压比、计算长度系数、剪跨比(图 4-32)

工作目录树:图形结果→柱轴压比、计算长度系数、剪跨比。

(7)结构总信息文本文件(图 4-33)

工作目录树:文本文件→结构总信息。

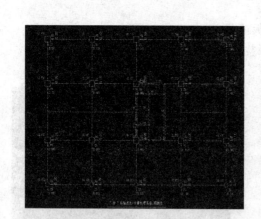

图 4-32　4F 柱轴压比、计算长度系数、剪跨比

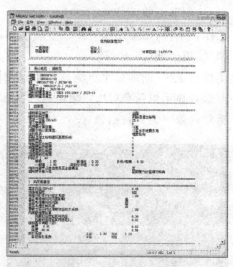

图 4-33　结构总信息文本文件

(8)周期与振型图形结果

主菜单:结果→结构分析结果→振型。例如,图 4-34 为第一振型等值线图型。

(9)构件内力图形结果

主菜单:结果→构件分析结果→杆件内力。例如,图 4-35 为 RS_0 地震作用下梁端及柱端弯矩。

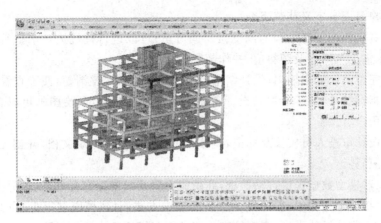

图 4 - 34　第一振型等值线图形

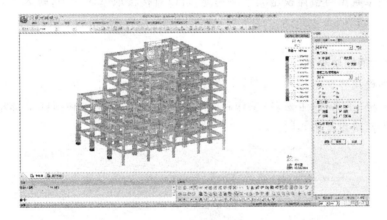

图 4 - 35　RS_0 地震作用下梁端及柱端弯矩

4.3　基础大师模块基本功能和设计实例

4.3.1　基础大师模块的基本功能

(1)高度集成化,所有的功能操作都集中在一个工作台中,界面美观。

(2)基础大师提供了系统菜单、菜单树、命令行、右键菜单及双击操作等完善的功能操作方式,菜单的布设也是按照用户设计流程来进行设计的,更符合用户的思维操作习惯,同时对于右键菜单都是根据相应的施工图动态切换,尽可能地使菜单简洁,操作方便,减少用户的操作次数,同时对于相对抽象的操作,都提供了图形化的预览功能。

(3)既可以导入结构大师上部结构模型,方便用户输入,又可以通过基础大师界面直接建立模型,便于复杂模型的建立。

(4)先建模型,再输地质资料,便于布置钻孔时参考点的确定;先定义整个场地土层物理参数,然后布置孔位、定义钻孔土层分布,符合地勘报告文件的结果格式;经过算法的优化,形成场地的三维地形图。

(5)可以直接导入其他程序的基底荷载;几种类型基础的荷载都放在一个菜单下输入,

方便查改;用户可以自定义荷载组合。

(6)可以真实模拟上部结构的刚度做协同分析;可以进行桩抗拔及水平承载力验算;可以按规范要求输出沉降差及倾斜值,并作超限与否验算。

(7)详细完整的计算书输出;设计结果分类、集中输出,完整清楚,便于查看。

(8)经济指标统计,便于业主及设计者做决策;基础大师借助绘图师可以自动快速生成施工图,方便用户。

(9)方便设计审查人员校核及标记,能够做出详细的审查记录文档,开创无纸化审核,网络电子审核是趋势。

(10)可以对模型数据提供自动检查,此功能主要是对模型的有效性、边界条件和分析限制进行检查。在建模过程中,程序提供灵活的建模方式,对建模限制很少,由此可能产生一些不合理或者不能分析的模型,模型检查功能就能很好地解决这个问题。

(11)基础工具箱与整体模型的联动功能,可以直接读取基底内力,转入工具箱进行基础设计。

4.3.2　基础大师模块界面

基础大师模块界面与结构大师模块界面基本相同,如图 4-36 所示,主要由标题栏、主菜单及丽板菜单、工具栏、主窗口、工作目录树、命令行、信息窗口和图标工具箱等组成。功能与结构大师模块也基本相同。

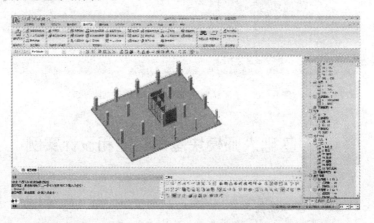

图 4-36　基础大师模块主界面

4.3.3　设计实例

1. 基本信息

该项目上部结构与 4.2.3 节设计实例相同,基础构件信息见表 4-2 所列,基础采用的混凝土强度等级为 C30,钢筋为 HRB 335,地基土层信息见表 4-3 所列。

表 4-2　基础构件信息

构　件	母　筏　板	子　筏　板	柱　墩
尺寸(mm)	600	800	1200×1200×500

表 4-3　地基土层信息

土　层	厚　度（m）	地基承载力特征值 f_{ak}（kPa）
黏性土	2～5	125
粉土	2～8	150
细砂	2～9	225
粗砂	2～8	275
圆砾	2～6	350
卵石	2～8	400
微风化岩	2～5	550

2. 导入 Building MBF 文件

主菜单：文件→导入→Building MBF 文件（图 4-37）。

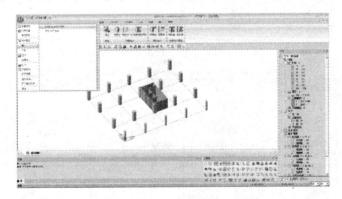

图 4-37　导入 Building MBF 文件

导入之前，应首先在结构大师中导出基础大师的 MBF 接口数据文件（图 4-38）。在弹出的如图 4-39 所示的对话框中，勾选"导出上部结构刚度"。如果有局部地下室，还应指定除 Base 层以外的作为基础层。

图 4-38　结构大师中导出基础大师的 MBF 接口数据文件

图 4-39　导出基础大师 MBF 文件控制信息

3. 查看荷载

工作目录树:静力荷载→恒荷载→点荷载/墙荷载(图 4-40)。

主菜单:荷载→设计荷载组合(图 4-41)。

点荷载是指柱底荷载,而墙荷载是剪力墙底部荷载;单箭头表示沿该方向的轴力或剪力,双箭头表示绕该方向的弯矩。

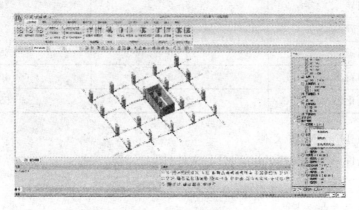

图 4-40　查看荷载

图 4-41　设计荷载组合

4. 定义土层参数并布置钻孔

主菜单:地质资料→土层参数→定义土层参数。

土层参数对话框中需要输入土层分类,并应根据工程计算需要输入相应的地基承载力特征值、压缩模量、重度、黏聚力、摩擦角等参数。程序中已经装载了参考土层数据库,操作时,点击土层分类列表,在下拉列表中选择要布置的土层,程序自动读取该土层的各项参数值,表格中的各项参数值可以直接修改。

土层参数对话框中,桩极限侧阻力标准值和端阻力标准值需要用户输入。这两个参数主要用于桩基承载力的验算。

点击"应用全部钻孔",将图 4 - 42 所示对话框中定义的土层参数应用到所有的钻孔中。

主菜单:地质资料→布置钻孔→布置钻孔对话框(图 4 - 43)。

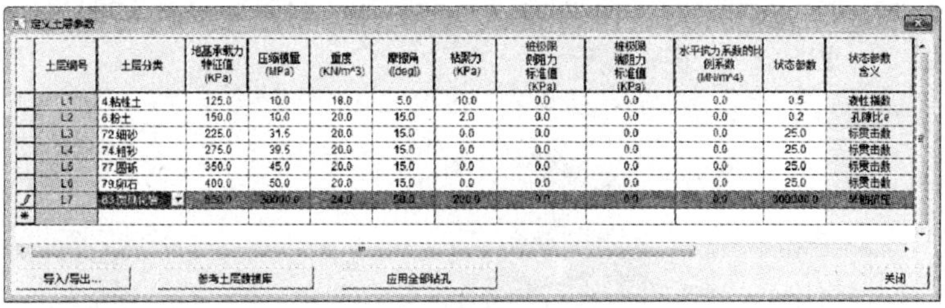

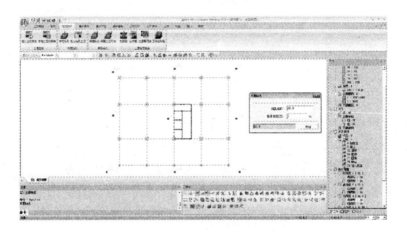

图 4 - 42　定义土层参数

图 4 - 43　布置钻孔

根据实际工程的地质勘察报告书,布置勘探孔点。

主菜单:地质资料→布置钻孔→定义钻孔土层(图 4 - 44)。

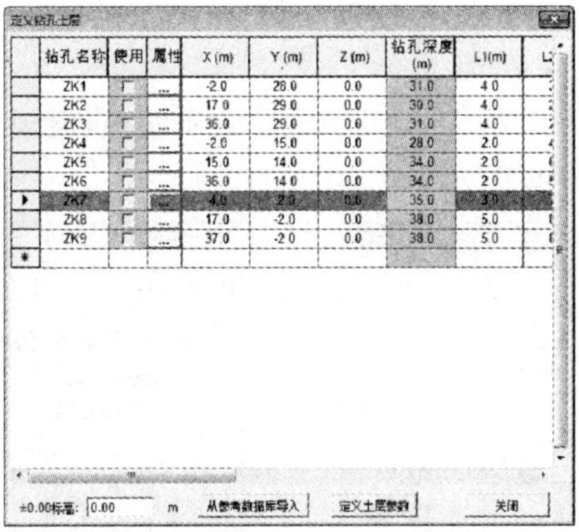

图 4 - 44　定义钻孔土层

定义和修改钻孔坐标和各土层的厚度。

布置好钻孔以后,各钻孔的默认土层及其属性是用户之前在土层参数对话框中定义的数据,用户可以查看和修改各个钻孔的坐标、土层的厚度;钻孔深度为该钻孔各土层的厚度之和,用户在修改各土层厚度后,此值也将随之变化。

主菜单:地质资料→土层信息查看→三维地形图(图4-45)。

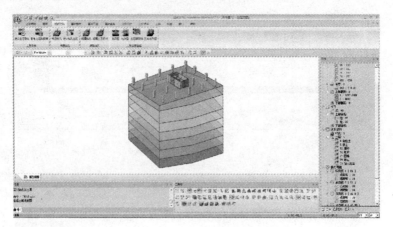

图4-45   查看三维地形图

5. 定义设计总参数

主菜单:基础参数→设计总参数(图4-46)

(1)基础参数

结构重要性系数:程序默认值为1;根据《混凝土结构设计规范》GB50010－2010 第 3.3.2条,对安全等级为一级的结构构件,不应小于 1.1;对安全等级为二级的结构构件, 不应小于 1.0;对安全等级为三级的结构构件,不应小于 0.9;对抗震设计状况下应 取1.0;

(2)基础规范

程序主要提供了两种规范:《建筑地基基础设计规范》GB50007－2002 和《建筑地基基础 设计规范》GB50007－2011,《建筑桩基技术规范》JGJ94－2008 默认自动勾选;用户根据需要 可以选择新、旧规范,程序自动按照所选规范进行地基基础设计;其他设计规范只是个别条 款引用,程序默认自动执行。

是否考虑 GB50010－2010 第 8.5.3 条:勾选表示按照《混规》GB50010－2010 第 8.5.3 条进行板配筋计算,如图4-47 所示。

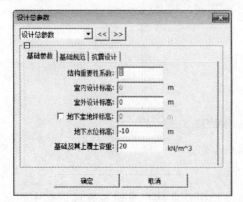

图4-46   定义设计总参数

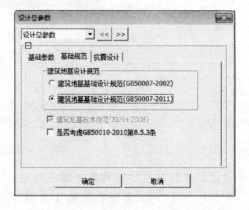

图4-47   基础规范

（3）抗震设计（图 4 - 48）

可根据抗震等级设置柱构件或者墙构件的内力放大系数。

抗震设计：勾选时，该对话框其他内容亮显，用户可进行交互；当不勾选时，表示不对柱或墙构件进行抗震等级的调整。

抗震等级：可选择"特一"、"一级"、"二级"、"三级"和"四级"。

柱荷放大系数：包括柱的轴力、弯矩和剪力的放大系数，程序根据选择的抗震等级自动得出，也可以由用户交互。

墙荷放大系数：墙的轴力放大系数。

6. 地基承载力的定义和修改

主菜单：基础参数→定义地基承载力。

（1）无地质资料时

当缺少工程地质资料时，可自定义地基承载力进行基础设计，如图 4 - 49 所示。

（2）有地质资料时

基础大师中提供了三种计算地基承载力的方法，分别为《建筑地基基础设计规范》中的综合法和抗剪强度指标法以及上海《地基基础设计规范》中的抗剪强度指标法（图 4 - 49）。

图 4 - 48　抗震设计参数

图 4 - 49　地基参载力计算方法

7. 基础布置

主菜单：基础布置→筏板基础→布置筏板（图 4 - 50）。

板顶标高：定义筏板顶标高。

挑出宽度：定义筏板在边缘处挑出宽度。

方法：选择布置筏基的范围，包括"窗口、围区、点选和全部"等选择方式。

主菜单：基础布置→筏板基础→布置柱墩（图 4 - 51）。

柱墩形式：分为下柱墩与上柱墩。下柱墩即柱墩顶与筏板底标高相同，上柱墩即柱墩底与筏板顶标高相同。

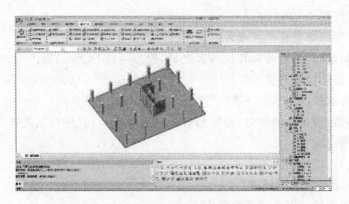

图 4-50 定义筏板参数和布置筏板

柱墩只是在验算柱对筏板的冲切和剪切中起作用，在筏板的内力分析及配筋计算中没有考虑柱墩的影响。

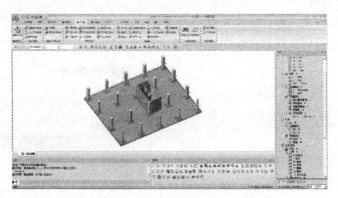

图 4-51 定义柱墩参数和布置柱墩

8. 基础验算及结果查看

主菜单：基础验算→批量验算（图 4-52）。

对筏板基础的验算，包含地基承载力的验算、偏心验算、抗浮验算、柱墙冲切和剪切验算、内筒冲切和剪切验算、抗倾覆验算和抗滑移验算等内容。

(1)地基承载力验算（图 4-53）

工作目录树：图形→筏板→筏板验算→承载力。

(2)筏板重心验算（图 4-54）

工作目录树：图形→筏板→筏板验算→荷载重心。

程序验算在竖向荷载（DL+0.5LL）作用下筏板的重心，输出图形结果，并在信息窗口输出每块筏板重心验算结果。当有多块筏板时，程序对每块板都进行重心验算，并分别输出验算结果。

(3)柱墙冲切验算（图 4-55、图 4-56）

工作目录树：图形→筏板→筏板验算→平板式→柱冲切/剪力墙冲切。

平板式筏基的冲切验算参见《建筑地基基础设计规

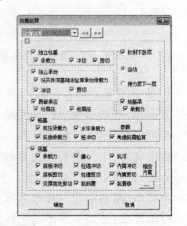

图 4-52 "基础验算控制"对话框

范》GB50007—2011 第 8.4 节内容。

（4）柱墙剪切验算（图 4-57、图 4-58）

工作目录树：图形→筏板→筏板验算→平板式→柱剪切/剪力墙剪切。

在进行剪切验算时，程序对各种荷载组合的情况都进行了计算，并可分别查看其验算结果。验算结果以图形方式显示，按截面剪切承载力 R 和剪切力 F 的数值或两者比值的方式输出。当比值小于 1 时，该数值将用红色字显示，表示抗剪切验算不满足要求。

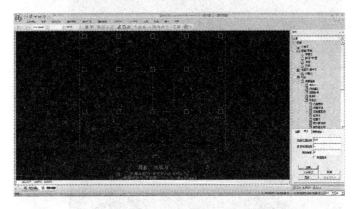

图 4-53　地基承载力验算

图 4-54　筏板重心验算

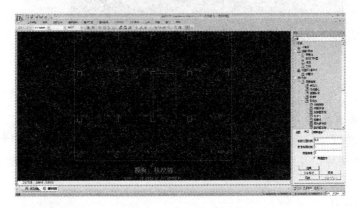

图 4-55　柱冲切验算

图 4-56　剪力墙冲切验算

图 4-57　柱剪切验算结果

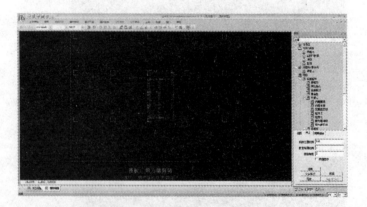

图 4-58　剪力墙剪切验算结果

9. 定义基床系数

主菜单:分析设计→刚度→基床系数定义(图 4-59)。

程序提供了两种定义基床系数的方法,分别为:直接输入基床系数值的方法、按沉降反算的方法。

10. 分析和设计

主菜单:分析设计→基础总体设计参数→板设计参数(图 4-60)。

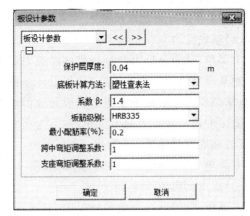

图 4 - 59　定义基床系数　　　　　　　　图 4 - 60　板设计参数

主菜单:分析设计→基础总体设计参数→分析设计参数(图 4 - 61)。

本菜单定义筏板、底板的配筋参数及内力调整系数,对于底板可定义内力计算方法。

保护层厚度:定义板的钢筋保护层厚度,默认值为 40 mm。

底板计算方法:程序提供弹性查表法和塑性查表法两种方法。对于异形板,程序自动按照有限元方法进行计算。

　　　　　　(a) 板元法　　　　　　　　　　　　　　(b) 板带法

图 4 - 61　分析设计参数

筏基适用于多高层建筑,上部荷载较大,当采用条形基础不能满足上部结构的容许变形和地基的承载力时,或建筑要求基础具有足够的刚度以调节不均匀下沉时的情况。筏式基础分为平板式及梁板式筏基两种类型。

分析方法:分为板元法和板带法。板元法即采用板单元进行分析;板带法即按梁单元进行分析。

边界条件:分为弹性地基和倒楼盖法。当分析方法选择板带法时,边界条件只有倒楼盖法。

考虑上部结构刚度:当分析方法选择板元法且边界条件定义为弹性地基时,可选择是否考虑上部结构刚度。

有限元网格控制尺寸:当选择板元法时,需要指定网格划分尺寸,程序默认值为 2.0 m。

倒楼盖反力:当边界条件选择为倒楼盖法时,需要计算倒楼盖的反力,计算方法分为 K

值法及平均反力法。

11. 查看分析和设计结果

(1)基底反力

主菜单:结果→反力结果→基底净反力(图 4 - 62)。

地基净反力的计算方法在"分析设计参数"中定义,有弹性地基法、平均反力法及 K 值法等,地基净反力主要用于基础的有限元分析计算用荷载。

输出的地基净反力向上为正,向下为负。

(2)基底位移结果

主菜单:结果→位移结果→位移图(图 4 - 63)。

(3)板单元内力

主菜单:结果→内力结果→板内力(图 4 - 64)。

(4)筏板配筋

工作目录树:图形结果→筏板→平板式→板带配筋(图 4 - 65)。

平板式筏基采用板元法分析时,可通过此项查看板带的配筋面积。程序默认输出的结果为各荷载组合中最不利的结果,也可以查看其他荷载组合的结果。此处输出为每延米配筋面积。

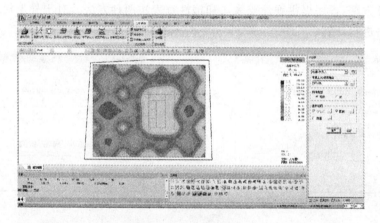

图 4 - 62 基底净反力

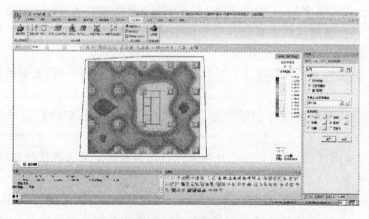

图 4 - 63 基底位移图

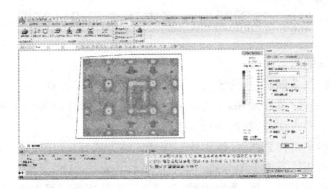

图 4 - 64　板单元内力图

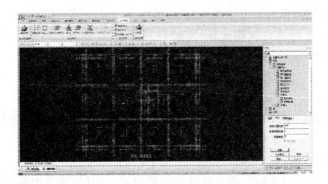

图 4 - 65　板带配筋

(5)基础验算文本结果

工作目录树:文本结果→验算结果(图 4 - 66)。

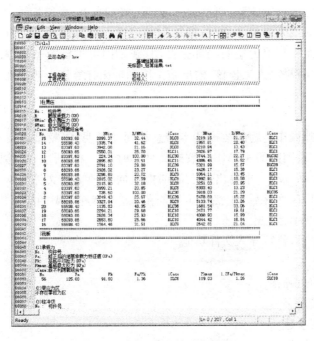

图 4 - 66　基础验算文本结果

4.4　绘图师模块基本功能和设计实例

4.4.1　绘图师模块的基本功能

（1）支持板（楼板/基础底板）的平法注写、全平面等施工图方式。

（2）支持梁（上部梁/基础梁）的平法注写、截面注写、混合注写等施工图方式。

（3）支持柱平面列表注写、截面注写等施工图方式。

（4）支持剪力墙平面列表注写、截面注写等施工图方式。

（5）支持支撑截面注写施工图方式。

（6）支持独立基础平法注写、截面注写、平面列表注写等施工图方式。

（7）支持筏板板元法及板带法平面注写。

（8）对每种构件支持截面或厚度的修改、钢筋修改、重新归并、重新选筋、偏心调整等操作。

（9）对各种构件支持计算钢筋面积、实配钢筋面积、计算配筋率、实配钢筋率、计算与实配钢筋面积比等图形检查功能。

（10）支持主菜单、动态右键菜单、命令行等联动操作。

目前，绘图师必须导入从结构大师中导出的上部结构数据 ∗.MBN 文件或从基础大师中导出的基础结构数据 ∗.MFN 文件后，才能进行上部结构或基础施工图的绘制。

4.4.2　绘图师模块界面

绘图师模块主界面与结构大师和基础大师界面基本相同，主要由标题栏、主菜单及丽板菜单、工具栏、主窗口、工作目录树、命令行、信息窗口和图标工具箱等组成，各部分功能也基本相同。主菜单及丽板菜单如图 4-67 所示，主菜单主要包括平面布置、钢筋配置、施工图设置和工具等。平面布置和钢筋配置完成后，可进行施工图绘制。平面布置包括平面参数设置、轴线命名、指定连续梁、偏心调整、洞口布置、暗梁布置、板厚标注、施工后浇带、各类构件强行归并以及截面或厚度尺寸修改；钢筋配置可进行板、梁、柱、剪力墙、基础等各类构件配筋的修改以及绘制板和剪力墙的局部大样图；施工图可进行模型调整、修改图名、插入图块、工程量统计、自动校核、人工校核、输出施工图和输出计算图形等功能。

4.4.3　设计实例

与 4.2 结构大师操作例题的结构基本信息相同。说明：①模型需要在结构大师中完成分析和设计，并导出绘图师的 ∗.MBN 数据文件，如图 4-68 所示；②绘图师目前只能导入从结构大师或 Gen Designer 中导出的上部结构数据 ∗.MBN 文件或从基础大师中导出的基础结构数据 ∗.MFN 文件后，才能进行上部结构或基础施工图的绘制。

1. 导入上部结构模型（图 4-69）

（1）生成新建项目，执行导入文件功能

（2）选择模型

（3）验证数据的正确性

（4）施工标准层定义

（5）形成施工图参数

（6）生成模型及图形

图 4-67　绘图师模块主菜单及丽板菜单　　　　图 4-68　导出绘图师 MBN
　　　　　　　　　　　　　　　　　　　　　　　　　数据文件

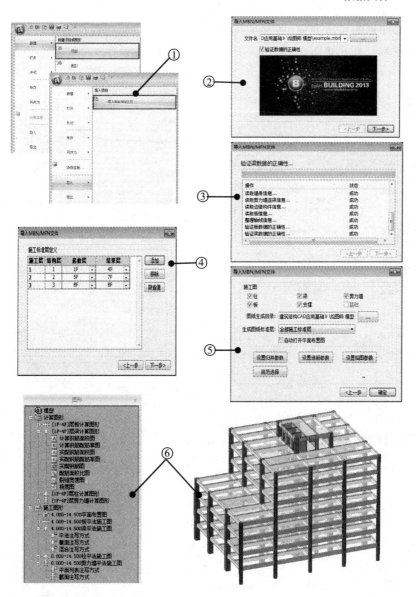

图 4-69　导入上部结构模型

2. 归并参数（图 4-70）

本项功能是在生成施工图之前,设置构件配筋的归并参数和构件编号的归并参数,以减少构件配筋和编号的种类。归并参数用户可以修改,也可以采用程序的默认值。

导入模型过程中可进行"归并参数"设置,也可在主菜单"平面布置→平面参数→归并参数"进行归并参数设置。

3. 选筋参数

本项功能是设置程序选配构件钢筋时,可选配筋的范围和形式。如钢筋的级别、可选的直径、可选的间距、配筋的形式,此外还可以设置配筋面积的调整系数。

可通过主菜单"钢筋配置→选筋参数→选筋参数"进行选筋参数设置。

4. 绘图参数（图 4-71）

设定平面图形的显示方向、各种大样图绘图比例及各类构件的绘图方式,可从主菜单"设置→绘图参数"打开如图 4-71 所示的界面。

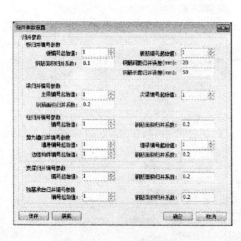

图 4-70　归并参数

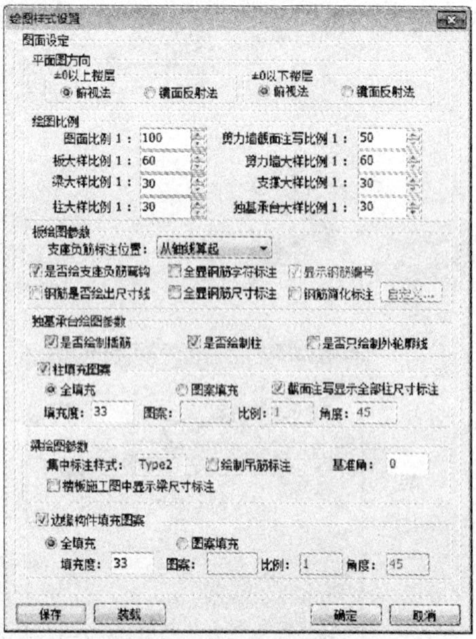

图 4-71　绘图参数

5. 规范选择

对设置绘制施工图计算中所依据的规范,默认为新版规范,用户可通过设置选择旧版规范进行计算,如图 4-72 所示。

6. 平面布置

平面布置图绘制出当前施工标准层各构件的平面布置信息,结合"平面布置"菜单可进行各构件相应参数信息的修改。

（1）轴线命名（图 4-73）

主要用于对轴线名称的修改。

图 4-72　规范选择

① 轴线命名:通过菜单"平面布置→轴线命名"。

② 选择修改任意轴线名称或修改平行的多根轴线名称。

③ 选中轴线:用鼠标在模型中点取轴线后,需要修改的轴线自动添加到选中轴线列表栏中。

④ 修改轴线编号及轴线名称。

说明:双击平面布置图上的轴线名称,也可打开"轴线命名"对话框,进行轴线重新命名操作。

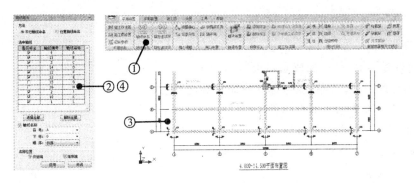

图 4-73　轴线命名

(2)指定连续梁(图 4-74)

将施工图中的非连续梁指定为连续梁。

① 指定连续梁:通过菜单"平面布置→指定连续梁"进入。

② 选择修改选项:勾选"全楼修改"时,整个楼层中该轴线上的梁段都被指定为连续梁,勾选"重新选筋"时,对合并的连续梁重新进行选筋。

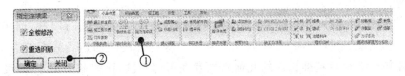

图 4-74　指定连续梁

(3)偏心调整

对梁构件、柱构件以及墙构件进行偏心调整;调整板、梁及筏板构件的标高。

(4)洞口布置

可对板进行局部开洞。在图中点击需布置洞口的板,选中的板边显示四个支座位置,在开洞对话框中定义开洞信息;选择要进行开洞的墙,然后在右侧的对话框中对洞口进行定义。

(5)暗梁布置(图 4-75)

用户可在平面布置图上布置墙暗梁。

① 暗梁布置:通过菜单"洞口布置→暗梁布置"进入。

② 选择墙身构件。

③ 输入暗梁尺寸。

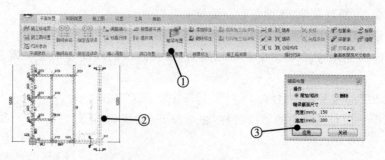

图 4 - 75 暗梁布置

（6）板厚标注

在平面布置图上，可添加或删除板厚的标注。

① 添加标注：通过菜单"板厚标注→添加标注"进入。

② 选择需要添加标注的板构件。

③ 删除标注：通过菜单"板厚标注→删除标注"进入。

④ 选择需要删除标注的板构件。

（7）施工后浇带

对于超长筏板基础的施工，往往需要指定施工后浇带。通过菜单中的施工后浇带选项，可以指定筏板基础的施工后浇带。

① 指定施工后浇带：通过菜单"施工后浇带→指定施工后浇带"进入。

② 选择需要指定施工后浇带的筏板构件。

③ 移除施工后浇带：通过菜单"施工后浇带→移除施工后浇带"进入。

④ 选择需要移除施工后浇带的筏板构件。

（8）强行合并（图 4 - 76）

程序除支持按归并参数对构件进行自动归并外，还支持手动强行归并，即用户可对梁、板、柱、剪力墙、墙梁、边缘构件、支撑以及独基承台等构件的配筋进行强行归并。需注意的是，所选归并构件必须与基准构件的几何特性存在可归并性，比如截面尺寸、厚度、材料等。

① 合并构件（板/梁/柱/墙身/墙梁/边缘构件/支撑/独基承台）：通过菜单"强行合并→板/梁/柱/墙身/墙梁/边缘构件/支撑/独基承台"进入。

② 选择基准构件。

③ 选择需要修改的构件。

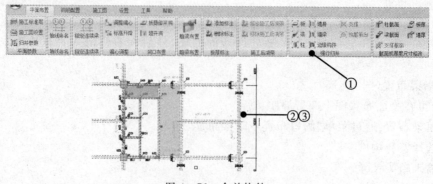

图 4 - 76 合并构件

（9）截面或厚度尺寸修改

本菜单用于在平面布置图中修改各构件的截面尺寸或厚度值。

① 柱截面/梁截面/支撑截面/板厚/墙厚：通过菜单"截面或厚度尺寸修改→柱截面/梁截面/支撑截面/板厚/墙厚"进入。

② 选择需要修改的构件。

③ 输入截面尺寸或厚度值。

④ 选择是否勾选"重新选配钢筋"。

⑤ 选择修改方式。

7. 钢筋布置（图 4-77）

图 4-77　钢筋配置

（1）全简切换

一般构件的编号、几何尺寸、详细配筋信息都显示时称为全显示，只显示构件编号的为简显示。

（2）板钢筋修改

① 板钢筋修改

a. 板钢筋修改：通过菜单"钢筋配置→板钢筋修改→板钢筋修改"进入。

b. 选择需要修改的板钢筋。

c. 输入新钢筋信息。

d. 选择修改方式，可选择"单个修改"或者"同名修改"。

② 修改钢筋范围

a. 修改钢筋范围：通过菜单"钢筋配置→板钢筋修改→修改钢筋范围"进入。

b. 选择要指定布置范围的钢筋。

c. 在左右两侧分别指定一个与该钢筋平行的支座，则被指定的这两个支座即是这根钢筋所布置的范围。

③ 通长板钢筋

a. 通长板钢筋：通过菜单"钢筋配置→板钢筋修改→通长板钢筋"进入。

b. 点选钢筋线。

c. 点选标识钢筋线范围的支座。

d. 定位范围标注线。

④ 删除单根钢筋

激活此命令，点击施工图中某钢筋线即被删除，可连续操作。

a. 删除单根钢筋：通过菜单"钢筋配置→板钢筋修改→删除单根钢筋"进入。

b. 选择需要删除的钢筋。

⑤ 按号删除钢筋

激活此命令，点击施工图中某钢筋线即被删除，可连续操作。

a. 按号删除钢筋：通过菜单"钢筋配置→板钢筋修改→按号删除钢筋"进入。

　　b. 选择需要删除的钢筋。

　　⑥ 删除所有钢筋

　　激活此命令,可以删除施工图中所有钢筋。

　　(3)梁钢筋修改

　　① 梁钢筋多跨修改

　　梁钢筋多跨修改:通过菜单"钢筋配置→梁钢筋修改→梁钢筋多跨修改"进入。

　　点选某个梁构件,打开"多跨梁钢筋修改"对话框。

　　修改梁通长钢筋数值:可修改上部通长筋、下部通长筋、箍筋和腰筋等梁跨集中标注内容。

　　a. 选择梁跨:在下拉框中选择需修改钢筋的梁跨,图形视图中该跨梁将亮显。

　　b. 修改梁跨钢筋:可修改左、中、右上部筋,下部筋,箍筋和腰筋等原位标注内容,程序自动根据当前钢筋值计算配筋率值,当输入钢筋信息有悖设计原则时,程序会在相应信息框后给出警告提示。

　　c. 选择修改方式:可选"单个修改"或者"同名修改"。

　　② 修改次梁吊筋

　　a. 修改次梁吊筋:通过菜单"钢筋配置→梁钢筋修改→修改次梁吊筋"进入。

　　b. 点选梁附加筋。

　　c. 选择附加筋类型:可选附加吊筋或附加箍筋。

　　d. 输入钢筋值。

　　(4)柱钢筋修改(图 4-78)

　　柱钢筋修改:通过菜单"钢筋配置→柱钢筋修改→柱钢筋修改"进入。

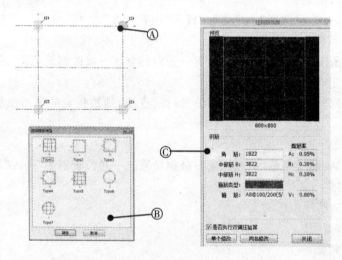

图 4-78　柱钢筋修改

　　① 点选柱构件。

　　修改钢筋信息,可修改角筋、中部筋 B、中部筋 H 和箍筋,程序自动计算并显示出相应各边的配筋率值。

　　② 选择箍筋类型。

③ 勾选"是否执行双偏压验算"。

(5)剪力墙钢筋修改

本项用于剪力墙平法施工图的绘制及修改。

① 边缘构件钢筋

a. 边缘构件钢筋：通过菜单"钢筋配置→剪力墙钢筋修改→边缘构件钢筋"进入。

b. 点选边缘构件。

c. 修改钢筋信息，可修改核心区纵筋、箍筋和拉筋以及非核心区的拉筋，并且相关配筋率可实时变化。

d. 选择修改类型，可选"单个修改"或者"同名修改"。

② 墙梁钢筋

a. 墙梁钢筋：通过菜单"钢筋配置→剪力墙钢筋修改→墙梁钢筋"进入。

b. 点选墙梁构件。

c. 修改钢筋信息，可修改墙梁上部筋、下部筋、箍筋及单侧斜筋值，程序自动计算相应配筋率。

③ 墙身钢筋

a. 墙身钢筋：通过菜单"钢筋配置→剪力墙钢筋修改→墙身钢筋"进入。

b. 点选墙身构件。

c. 修改钢筋信息，可修改墙身水平分布筋、竖向分布筋和拉筋，程序自动计算相应的水平及竖向分布筋的配筋率。

d. 选择修改类型，可选"单个修改"或者"同名修改"。

(6)局部大样图

① 板/剪力墙放大样图：通过菜单"钢筋配置→局部大样图→板/剪力墙放大样图"进入。

② 选择需要放大的板/剪力墙构件。

③ 鼠标定位大样图位置。

8. 施工图

(1)自动校审/人工校审(图 4-79)

① 自动校审/人工校审：通过菜单"施工图→自动校审/人工校审"进入。

② 选择需要自动校审的内容。

③ 选择需要人工校审的构件。

④ 查看自动校审/人工校审的结果。

(2)修改图名

① 修改图名：通过菜单"施工图→修改图名→修改图名"进入。

② 修改施工图名称。

(3)插入图块/层高表(图 4-80)

① 插入图块/层高表：通过菜单"施工图→修改图名→修改图名"进入。

② 选择图框路径。

③ 在图形窗口中点击定位图框。

④ 插入层高表。

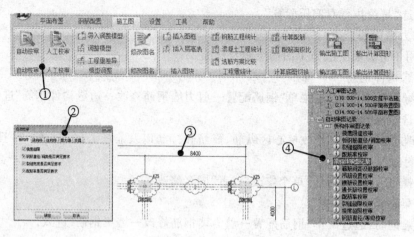

图 4-79　施工图校审

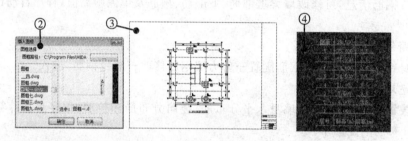

图 4-80　插入图块/层高表

（4）工程量统计

可查看整个结构各楼层及各构件的钢筋用量统计数据，表格按楼层和构件类型详细列出钢筋的总重量及楼层每平方米含钢量，并统计整个工程的汇总重量。

① 钢筋/混凝土工程量统计：通过菜单"施工图→工程量统计→钢筋工程量统计"进入。

② 插入图形至当前的图形中，打印时可一起打印。

③ 导出统计表：将统计表以网页（HTML）文件格式输出，可将此文件保存到指定的目录下，作为单独文件使用。

④ 查看曲线图：将每一楼层的用钢量与用钢的上限值与下限值相比较，作出曲线图。用户在对话框中可交互结构类型、结构用途、材料统计下限值与上限值。可将工程量统计曲线图保存为图形文件（图 4-81）。

（5）输出施工图（图 4-82）

可将部分或全部施工图输出到指定路径处，输出文件为 ∗.dwg 格式。

（6）输出计算图形（图 4-83）

可将部分或全部计算图形输出到指定路径处，输出文件为 ∗.dwg 格式。

输出层数：选择是输出计算图形的所属施工标准层还是输出所有施工标准层的计算图形。

全部选中：勾选，输出全部计算图形；不勾选，用户可在"是否生成"勾选输出部分计算图形。

施工图名称：列出当前模型中所有计算图形名称，用户也可直接修改。

生成到：设置计算图形输出路径。

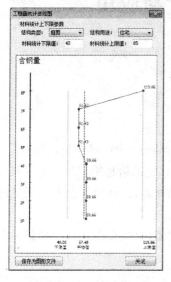

图 4-81 查看曲线图

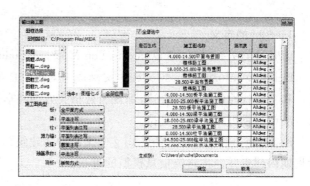

图 4-82 输出施工图

图 4-83 输出计算图形

第 5 章　BIM 理论简介与应用

5.1　BIM 概述

5.1.1　BIM 的定义

BIM 是英文单词 Building Information Model 或 Building Information Modeling 的缩写。

Building Information Model 中文翻译为建筑信息模型。建筑信息模型是一个项目物理特征和功能特性的数字化表达,是该项目相关方的共享知识资源,为该项目全寿命周期内的所有决策提供可靠的信息支持。

Building Information Modeling 中文翻译为建筑信息模型建模,是指在一个项目的全寿命周期内建造并使用建筑信息模型的过程。

5.1.2　BIM 理论和技术的起源和发展

BIM 概念的提出可以追溯到计算机发展史的早期,BIM 技术的早期发展离不开各国科学家和工程师的积极探索和尝试。

表 5-1　BIM 技术发展历程

年　份	代表人物	所在机构/身份	主要贡献
1962	Douglas C. Engelbart	人工智能专家/鼠标的发明者	在论文《增强人工智能》(《Augmenting Human Intellect》)一文中,提出了建筑师可以在计算机中创建建筑的三维模型的设想,并提出了基于对象的设计、实体参数建模、关系型数据库等现代 BIM 技术的雏形理论
1975	Chuck Eastman	美国佐治亚理工大学建筑系教授	在 PDP-10 电脑上研发了第一个可记录建筑参数数据的软件 BDS(Building Description System)。这个软件在个人电脑的普及之前问世,是一个实验性的软件,提出了很多在建筑设计中参数建模需要解决的基本问题
1977	Chuck Eastman	卡耐基梅隆大学	研发出软件 Glide(Graphical Language for Interactive Design),该软件有一些现代 BIM 平台的特色,Chuck Eastman 因此被誉为 BIM 之父
1984	GáborBojár	匈牙利布达佩斯	RADAR CH 软件在苹果 LISA 操作系统发布,该软件的使用类似于 Building Description System 技术,后来成为 Graphisoft 公司旗下的 Archicad
1986	—	英国	RUCAPS 软件(Really Universal Computer Aided Production System)被用到希斯罗机场的航站楼项目上进行设计和施工,很多 BIM 的相关技术都在此项目中得到实践,包括:三维建模、自动成图、智能参数化组件、关系数据库、实时施工进度计划模拟等

（续表）

年　份	代表人物	所在机构/身份	主要贡献
1987	—	Graphisoft	Archicad 发布。Archicad 是第一个在个人电脑上使用的 BIM 软件,目前的最新版本是 2013 年发布的 Archicad17
1990	Paul Teicholz	斯坦福大学教授	成立了 CIFE(斯坦福大学综合设施工程中心),该中心现在是世界最有影响力的 BIM 技术研究机构。该机构研发有两大分支:一支研发如何利用 BIM 技术为建筑工程的各专业服务,提高整个建筑的建造过程的效率和质量;另一支研发 BIM 技术如何模拟和优化建筑的性能
1997	Irwin Jungreis 和 Leonid Raiz	Charlies River (该公司后来改名为 Revit)	两人把机械领域的参数化建模方法和成功经验带到建筑行业,并制造出比 Archicad 功能强大的建筑参数化建模软件。Revit 提供了一个图形化的"族编辑器",而不是一种编程语言,并且 Revit 的所有组件、视图和注释之间有关联更新关系
2002	—	Autodesk	Autodesk 公司收购了 Revit 公司,填补了其三维设计软件的空白。Revit 从建筑行业被扩展到更多领域,并将 BIM 技术广泛宣传和推广

5.1.3　BIM 与传统 CAD 制图相比的特点和优势

在过去的 20 多年中,CAD 技术的普及和推广使建筑师和工程师们甩掉图板,从传统的手工绘图、设计和计算中解放出来,可以说是工程设计领域的第一次数字革命。而现在,BIM 的出现将引发整个工程建设领域的第二次数字革命。BIM 不仅带来现有技术的进步和更新换代,也间接影响了生产组织模式和管理方式,并将更长远地影响人们思维模式的转变。

BIM 可以运用在建筑的全寿命周期中,它对于实现建筑全生命周期管理,提高建筑行业规划、设计、施工和运维的科学技术水平,促进工程界全面信息化和现代化,具有巨大的应用价值和广阔的应用前景。

与传统 CAD 技术相比,BIM 有以下几个特点:

1. 可视化

在 BIM 建筑信息模型中,由于整个过程都是可视化的,所以可视化效果不仅可以用作效果图的展示及报表的生成,更重要的是项目各阶段的沟通、讨论、决策都在可视化的状态下进行。

2. 模拟性

建筑施工是一个高度动态的过程,随着建筑工程规模不断扩大,复杂程度不断提高,施工项目管理也变得极为复杂。当前,建筑工程项目管理中经常用于表示进度计划的甘特图,由于专业性强,可视化程度低,无法清晰描述施工进度以及各种复杂关系,难以准确表达工程施工的动态变化过程。

通过将 BIM 与施工进度计划相链接,将空间信息与时间信息整合在一个可视的 4D(3D＋时间)模型中,可以直观、精确地反映整个建筑的施工过程。4D 施工模拟技术可以在项目建造过程中合理制订施工计划、精确掌握施工进度,优化使用施工资源以及科学地进行场地布置,对整个工程的施工进度、资源和质量进行统一管理和控制,以缩短工期、降低成本、提高质量。

在施工过程中,还可将 BIM 与数码设备相结合,实现数字化的监控模式,更有效地管理施工现场,监控施工质量,使工程项目的远程管理成为可能,项目各参与方的负责人能在第一时间了解现场的实际情况。

此外,借助 4D 模型,施工企业在工程项目投标中将获得竞标优势,BIM 可以协助评标专家从 4D 模型中很快了解投标单位对投标项目主要施工的控制方法、施工安排是否均衡、总体计划是否基本合理等,从而对投标单位的施工经验和实力做出有效评估。

3. 可分析性

利用 BIM 技术,设计师在设计过程中创建的虚拟建筑模型已经包含了大量的设计信息(几何信息、材料性能、构件属性等),只要将模型导入相关的性能化分析软件,就可以得到相应的分析结果。原本需要专业人士花费大量时间输入大量专业数据的过程,如今可以自动完成,这大大降低了性能化分析的周期,提高了设计质量,同时也使设计公司能够为业主提供更专业的技能和服务。

4. 协同性

协同设计可以使分布在不同地理位置的不同专业的设计人员通过网络的协同展开设计工作。协同设计是在工程界环境发生深刻变化的背景下出现的,也是数字化建筑设计技术与快速发展的网络技术相结合的产物。

BIM 的出现使协同已经不再是简单的文件参照,BIM 技术为协同设计提供底层支撑,大幅提升协同设计的技术含量。借助 BIM 的技术优势,协同的范畴也从单纯的设计阶段扩展到建筑全生命周期,需要规划、设计、施工、运维等各方的集体参与,因此具备了更广泛的意义,从而带来综合效益的大幅提升。

5.1.4 BIM 在各阶段的应用

BIM 是一个智慧的建筑信息模型,参与各方可以在项目的不同阶段很方便地使用,主要体现在设计、招投标、施工和运维阶段。

1. BIM 在设计阶段的应用

管线综合预碰撞检查;设计错漏碰缺检查;方案阶段的调整和优化;异形建筑的参数化设计;自动生成施工图;实现效果图和施工图的同步性;减少设计变更等。

2. 招投标阶段的应用

工程量自动计算,实现关键节点随时测算;准确进行成本估算、概算和结算;为招投标提供技术支撑等。

3. 施工阶段的应用

进行施工进度模拟和控制;优化施工方案、保证施工合理有序;施工中复杂区域的可视化显示及施工方案的制订;减少施工变更、预测解决项目实施过程中的问题;现场安装模拟、优化安装方案;与激光扫描、GPS、移动通讯、RFID 和互联网等技术结合等。

4. 运维阶段的应用

提高房屋的运维管理水平,增加商业价值;为运维阶段的物业管理、设备管理提供数据保障和支持;提供与物联网相联系的接口;运维中可以通过 BIM 数据库获得故障的发生原因和地点,便于更快、更有效地解决问题等,如图 5-1 所示。

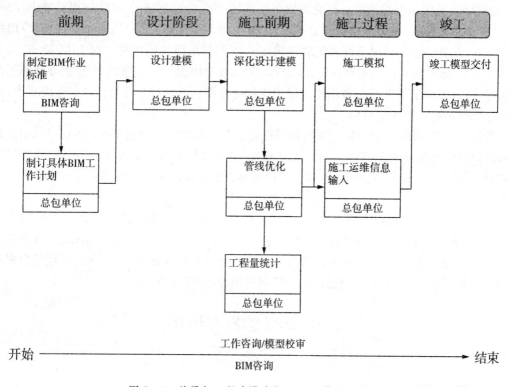

图 5-1　总承包工程建设阶段 BIM 工作流程图例

5.1.5　BIM 标准

　　建筑工程项目是一个复杂的、综合的经营活动,参与各方涉及众多专业,生命周期长达几十年、上百年,所以建筑工程信息交换与共享是工程项目的主要活动内容之一。

　　目前的 BIM 软件只是涉及某个阶段、某个专业领域的应用,没有哪个工程是只使用一家软件产品完成的,不同应用软件之间需要进行数据协同,需要制定一系列的标准来实现 BIM。

　　1996 年,IAI(Industry Alliance for Interoperability)组织的名称在伦敦会议上被正式确立。1997 年 1 月,该组织发布了 IFC(Industry Foundation Classes)信息模型的第一个完整版本,从那以后又陆续发布了几个版本。在相关专家的努力下,IFC 信息模型的覆盖范围、应用领域、模型框架都有了很大的改进,并已经被 ISO 标准化组织接受。2013 年 3 月发布的 IFC4 扩展了 IFC 在建筑和结构方面的定义,加强了 IFC 与 4D、5D BIM 模型的整合,并将 IFC 扩展到基础设施范畴。

　　IFC 标准是面向对象的三维建筑产品数据标准,其在建筑规划、建筑设计、工程施工、电子政务等领域获得广泛应用。它由 IAI 发布,目前已经有多家 BIM 软件公司宣布其软件支持 IFC 数据标准。

　　统一的数据标准将提供一个具有可操作性的、兼容性强的数据交换统一基准,用于指导基于建筑信息模型的建筑工程设计过程,方便各阶段数据的建立、传递和解读,特别是各专业之间的协同和质量管理体系的管控等。

2007 年,美国国家建筑科学研究院发布了基于 IFC 标准制定的 BIM 应用标准 NBIMS(准备级别的标准)。在第一版的基础上,2012 年又发布了 NBIMS - US 标准第二版(应用级别的标准,北美、欧洲、韩国及许多英联邦国家基本上都采用美国的第一版 BIM 标准,或者在美国 BIM 标准的基础上发展自己国家的标准。NBIMS 是一个完整的 BIM 指导性和规范性的标准,它规定了基于 IFC 数据格式的建筑信息模型在不同行业之间信息交互的要求,实现信息化促进商业进程的目的。

我国也针对 BIM 在中国的应用与发展进行了一些基础性的研究工作。2007 年,中国建筑标准设计研究院提出了 JG/T198—2007 标准,其非等效地采用了国际上的 IFC 标准(《工业基础类 IFC 平台规范》)。该标准规定了建筑对象数字化定义的一般要求、资源层、核心层及交互层。

2012 年 1 月,住建部"关于印发 2012 年工程建设标准规范制订修订计划的通知"宣告了中国 BIM 标准制定工作的正式启动,其中包含了:《建筑工程信息模型存储标准》、《建筑工程设计信息模型交付标准》、《建筑工程设计信息模型分类和编码标准》、《建筑工程信息模型应用统一标准》、《制造工业工程设计信息模型应用标准》等五项标准。

5.2　BIM 的发展现状

5.2.1　BIM 在美国

美国是较早启动工程界信息化研究的国家,发展至今,BIM 研究与应用都走在世界前列。根据 McGraw - Hill 发布的数据,2012 年工程建设行业采用 BIM 的比例从 2007 年的 28% 增长到 2009 年的 49%,2012 年达到了 71%。BIM 的价值得到社会的认可离不开几大 BIM 机构的贡献。

美国总务署 GSA(General Service Administration)负责美国所有联邦设施的建造和运维。早在 2003 年,为了提高建筑领域的生产效率、提升工程界信息化水平,GSA 下属的公共建筑服务部门的首席设计师办公室 OCA 推出了全国 3D-4D-BIM 计划。3D-4D-BIM 计划的目标是为所有对 3D-4D-BIM 技术感兴趣的项目团队提供"一站式"服务,虽然每个项目功能、特点各异,OCA 将帮助每个项目团队提供独特的战略建议与技术支持。目前,OCA 已经协助和支持了超过 100 个项目。GSA 要求从 2007 年起,所有大型项目(招标级别)都需要应用 BIM,最低要求是空间规划验证和最终概念展示都需要提交 BIM 模型。所有 GSA 的项目都鼓励采用 3D-4D-BIM 技术,并且根据采用这些技术的项目承包商的应用程序不同,给予不同程度的资金支持。现在 GSA 正在探讨在项目生命周期中应用 BIM 技术,包括:空间规划验证、4D 模拟、激光扫描、能耗和可持续发展模拟、安全验证等,并陆续发布各领域的系列 BIM 指南,对于规范和 BIM 在实际项目中的应用起到了重要作用。

美国陆军工程兵团 USACE(the U. S. Army Corps of Engineers)隶属于美国联邦政府和美国军队,为美国军队提供项目管理和施工管理服务,一共有三万多平民人员和六百多军人,是世界最大的公共工程、设计和建筑管理机构。2006 年 10 月,USACE 发布了为期 15

年的 BIM 发展路线规划,为 USACE 采用和实施 BIM 技术制定战略规划,以提升规划、设计和施工的质量和效率。规划中,USACE 承诺未来所有军事建筑项目都将使用 BIM 技术。在发展路线规划的附录中,USACE 还发布了 BIM 实施计划,从 BIM 团队建设、BIM 关键成员的角色与培训、标准与数据等方面为 BIM 的实施提供指导。2010 年,USACE 又发布了适用于军事建筑项目分别基于 Autodesk 平台和 Bentley 平台的 BIM 实施计划,并在 2011 年进行了更新。

　　智能建筑联盟 BSA(Building Smart Alliance)是美国建筑科学研究院在信息资源和技术领域的一个专业委员会,同时也是 Building Smart 国际 BSI(Building Smart International)的北美分会。BSA 致力于 BIM 的推广与研究,使项目所有参与者在项目生命周期阶段能共享准确的项目信息,有效地节约成本、减少浪费。

5.2.2　BIM 在英国

　　与大多数国家不同,英国政府要求强制使用 BIM。2011 年 5 月,英国内阁办公室发布了政府建设战略(Government Construction Strategy)文件,其中有一整个关于建筑信息模型(BIM)的章节。这章节中明确要求,到 2016 年,政府要求全面协同的 3D BIM,并将全部的文件以信息化管理。为了实现这一目标,文件制定了明确的阶段性目标,如:2011 年 7 月发布 BIM 实施计划;2012 年 4 月,为政府项目设计一套强制性的 BIM 标准;2012 年夏季,BIM 中的设计、施工信息与运维阶段的资产管理信息实现结合;2012 年夏天起,分阶段为政府所有项目推行 BIM 计划;至 2012 年 7 月,在多个部门确立试点项目,运用 3D BIM 技术来协同交付项目。

　　政府要求强制使用 BIM 的文件得到了英国工程界 BIM 标准委员会(AEC(UK)BIM Standard Committee)的支持。迄今为止,英国工程界 BIM 标准委员会已于 2009 年 11 月发布了英国工程界 BIM 标准(AEC(UK)BIM Standard),于 2011 年 6 月发布了适用于 Revit 的英国工程界 BIM 标准(AEC(UK)BIM Standard for Revit),于 2011 年 9 月发布了适用于 Bentley 的英国工程界 BIM 标准(AEC(UK)BIM Standard for Bentley Product)。

5.2.3　BIM 在日本

　　日本推进建筑信息化是比较早的。在工程界信息化过程中,日本表现为政府主导型,在 BIM 技术的推广应用上也表现如此。在政府部门,政府成立工程界信息化执行机构、制定明确目标、重视工程界信息化标准体系等基础性研究工作。

　　日本在 2008 年就将三维 CAD 技术列入政府的三年信息规划(2008－2010)中。2010 年,国土交通省开始推行 BIM 技术,在此基础上制定了 BIM 实施路线图,计划到 2016 年将 BIM 技术普及到全部公共设施项目,并制订了 BIM 应用的相应实施指南。

5.2.4　BIM 在中国

　　香港房屋署为了成功地推行 BIM,自 2006 年起率先试用建筑信息模型,订立了 BIM 标准、用户指南、组建资料库等设计指引和参考,并于 2009 年成立了香港 BIM 学会。2009 年 11 月,香港房屋署发布了 BIM 应用标准。到 2010 年时,香港的 BIM 技术应用完成从概念到实用的转变,处于全面推广的最初阶段,预计该项技术将会在 2014 年到 2015 年之间覆盖香港房屋署的所有项目。

2010 年与 2011 年,中国房地产业协会商业地产专业委员会、中国工程界协会工程建设质量管理分会、中国建筑学会工程管理研究分会、中国土木工程学会计算机应用分会组织并发布了《中国商业地产 BIM 应用研究报告 2010》和《中国工程建设 BIM 应用研究报告 2011》,一定程度上反映了 BIM 在我国工程建设行业的发展现状。根据这两个报告,关于 BIM 的知晓程度从 2010 年的 60% 提升至 2011 年的 87%。2011 年,共有 39% 的单位表示已经使用了 BIM 相关软件,其中以设计单位居多。

2011 年 5 月,住建部发布的《2011－2015 工程界信息化发展纲要》中,明确指出:在施工阶段开展 BIM 技术的研究与应用,推进 BIM 技术从设计阶段向施工阶段的应用延伸,降低信息传递过程中的衰减;研究基于 BIM 技术的 4D 项目管理信息系统在大型复杂工程施工过程中的应用,实现了对建筑工程有效的可视化管理等。

在产业界,前期主要是设计院、施工单位、咨询单位等对 BIM 进行一些尝试。最近几年,业主 BIM 的认知度也在不断提升:在 2008 年北京奥运建筑、2010 年上海世博建筑中,已开始采用 BIM 技术;上海中心、上海迪士尼等大型项目要求在全生命周期中使用 BIM;许多其他项目也逐渐将 BIM 写入招标合同或者将 BIM 作为技术标的重要亮点。2012 年 5 月,中国第一高楼——总设计高度为 632 米的上海中心就是全面应用 BIM 技术打造的绿色、人文都市标志性建筑,使得人们对 BIM 技术的认知度有了质的飞跃。

5.3　BIM 环境和平台的介绍

5.3.1　基于建筑信息模型的软件环境

在 BIM 环境下,应当能够将信息以数字形式保存在数据库中,以便于更新和共享,也要能在数据之间创建实时的、一致性的关联,对数据库中数据的任何更改都马上可以在其他关联的地方反映出来。

BIM 平台主要是指 BIM 的设计建模平台。这个平台提供了一些基本的模型数据,能够提供一些工具的应用,与别的工具之间也应当有不同整合能力的接口。BIM 平台中应当具备必要的工具,如建模、出图、标准制定、成本估算、碰撞和错误检测、能量分析、渲染、进度分析、可视化等工具,工具的输出结果是以画图或者报告的形式。有些情况下,这些工具输出的结果需要导入另一个工具应用中,例如,将算量结果导入到结构分析应用、成本速算应用和节点细化应用等。

5.3.2　常见的 BIM 设计平台

实现 BIM 需要一个理想的三维设计平台,国际上出现了多款为 BIM 提供服务的软件。其中,具有代表性的三款软件是 Autodesk 公司的 Revit、Graphisoft 公司的 ArchiCAD 和 Bentley 公司的 MicroStation。

Revit 平台是一个综合的三维设计平台,它包含 Revit Architecture(建筑)、Revit structure(结构)、Revit MEP(水、暖、电、设备)等多款专业设计软件。Revit 的数据可以被 Autodesk 旗下多专业多平台软件读取利用,如 3DMAX、Showcase、Navisworks 等模拟、渲染平台。

　　ArchiCAD 平台被誉为为建筑设计师开发的三维设计软件,在建筑专业上的设计能力非常强大。它是基于全三维的模型设计,拥有强大的剖/立面、设计图档、参数计算等自动生成功能以及便捷的方案演示和图形渲染,为建筑师提供了一个无与伦比的"所见即所得"的图形设计工具。

　　MicroStation 是一款面向基础设施设计的三维 CAD 基础软件,也是集二维绘图、三维建模和工程可视化(静态渲染＋各种工程动画设计)于一体的综合解决方案。MicroStation 包括参数化要素建模、专业照片级的渲染和可视化以及扩展的行业应用。MicroStation 作为 Bentley 公司的工程内容创建平台,具有诸多优势来满足各种类型项目的工程需求,特别是一些工程数据量大的项目。

　　除了以上几款 BIM 软件平台,还有一些 BIM 软件平台,虽然它们市场占有率不是很高,但是对世界的设计行业也有较大影响。例如,GehryTechnolgy 公司推出的 Digital Project,它支持设计、工程和项目管理的 3D 环境,能够用在建筑、工程、建造业等诸多领域。

5.4　Revit 在 BIM 项目中的应用

　　BIM 项目是多专业、全过程的协同工作,通过使用某种平台软件来实现参与各方对项目的管控。本节重点介绍结构人员如何使用 Revit2014 来参与和实现 BIM 项目。

　　Revit 采用 BIM 技术,模型中所有的视图、图纸和明细表等都是同一基本数据库的信息表现形式,是绘图方式的一场新的变革。Revit 可以让结构设计人员实现参数化设计,可以把某处视图中的修改自动协同到与之相关联的图纸、明细表、剖面图、平面图和详图中,可以减少平面绘图的重复性和与其他专业之间不协同所导致的错误。

5.4.1　Revit 中一些基本术语

1. 参数化

　　参数化是指模型中所有图元之间的关系,通过这些关系可实现 Revit 提供的协同和变更管理功能。这些关系可以由软件自动创建,也可以由使用者在项目开发期间创建,定义这些关系的数字或特性称为参数,因此该软件的运行是参数化的。参数化的意义在于:它能为项目参与者提供基本的协同能力和绘图效率,不论在项目中的任何位置进行任何修改,都能在整个项目内协同该修改。

　　参数可以是一个尺寸,可以是一个比例特性,也可以是构件之间的连接方式等。例如:如果定义了一面剪力墙的配筋间距参数,在每个视图中钢筋会贯穿剪力墙的立面等间距地放置。如果修改了剪力墙的长度,这种等距关系仍保持不变,这个比例特性就是参数。如果更改了这个参数,那么在每个视图中钢筋的间距也会自动调整,不需要再像平面绘图那样去逐个修改。

2. 项目

　　在 Revit 中,项目是单个项目的信息数据库——建筑信息模型。项目文件包含了建筑物的所有设计信息,包括用于设计模型的构件、项目视图和设计图纸等。通过使用单个项目文件,只要跟踪一个文件就可以实现项目中所有关联区域的自动修改,从而更方便地对项目进行管控。

3. 族

族是一个包含通用参数集和相关图形表示的图元组。某一族中的不同图元的部分或全部参数可被赋予不同的值,但是参数(其名称与含义)的集合是相同的。族中的变体称作族类型或类型。例如,"结构柱"类别包含可用于创建不同的钢柱、混凝土柱、角柱和其他柱的族。

Revit 使用的族分为系统族、可载入的族和内建族。在项目中,创建的大多数图元都是系统族或可载入的族。

系统族是在 Revit 中预定义的,使用系统族可以创建要在建设场地组装的基本图元,如墙、屋顶、楼板等。能够影响项目环境且包含标高、轴网、图纸和视口类型的系统设置也是系统族。系统族不能将其从外部文件中载入到项目中,也不能将其保存到项目之外的位置。

可载入的族是在外部 RFA 文件中创建的,并可导入或载入到项目中,是在 Revit 中需要经常创建和修改的族。可载入族可以是用于创建在建筑内部或周围的建筑构件的族。如窗、门、卫浴装置、橱柜、装置、家具和植物等;也可以是自定义的一些注释图元,如符号和标题栏等。与系统族不同,对于包含许多类型的可载入族,可以创建和使用类型目录,以便使用者仅载入项目所需的类型。

内建族是在需要创建当前项目专有的独特构件时所创建的独特图元。可以创建内建几何图形,以便它可参照其他项目几何图形,使其在所参照的几何图形发生变化时进行相应大小调整和其他调整。创建内建图元时,Revit 将为该内建图元创建一个族,该族包含单个族类型。

4. 图元

图元是 Revit 中的基本对象,是包含数据模型和行为模型的复合结构。其中,数据模型一般包含了几何信息和数据,行为模型包含变更管理信息。

Revit 按照类别、族和类型可对图元进行分类,一般分为模型图元、基准图元和视图专有图元。

表 5-2　Revit 图元

图元类型	子类别	举　例
模型图元	主体	结构墙、板、屋顶、坡道等
	模型构件	梁、柱、独立基础、钢筋等
基准图元		柱轴网、标高、平面等
视图专有图元	注释图元	文字注释、标记、尺寸标注等
	详图	详图线、填充区域、二维详图构件等

5. 图元的属性

每个图元都是某个族类型的一个实例。图元有两组用来控制其外观和行为的属性:类型属性和实例属性。

类型属性:同一组类型属性由一个族中的所有图元共用,而且特定族类型的所有实例的每个属性都具有相同的值。例如,属于"桌"族的所有图元都具有"宽度"属性,但是该属性的值因族类型而异。

实例属性：一组共用的实例属性还适用于属于特定族类型的所有图元，但是这些属性的值会因图元在建筑或项目中的位置而异。例如，窗的尺寸标注是类型属性，但其在标高处的高程则是实例属性。同样，梁的横剖面尺寸标注是类型属性，而梁的长度是实例属性。

修改实例属性的值将只影响选择集内的图元或者将要放置的图元。例如，如果选择一个梁，并且在"属性"选项板上修改它的某个实例属性值，则只有该梁受到影响。如果选择一个用于放置梁的工具，并且修改该梁的某个实例属性值，则新值将应用于用户用该工具放置的所有梁。

6. 平面、轴网和标高

与结构分析计算软件 PKPM 相类似，Revit 通过建立平面、标高和轴网之间的管理来创建三维空间轴网。当用户在"标高 1"平面内建立轴网后，可以很方便地复制多层，通过定义好"标高 X"平面的实际标高，就能搭建出一个三维轴网。当然，结构专业作为下游专业时，直接链接建筑/工艺专业的轴网会更加方便。

标高是无限水平平面，用作屋顶、楼板和天花板等以层为主体的图元的参照。标高大多用于定义构筑物的垂直高度或楼层，用户可以为每个已知楼层或其他必需参照（如第二层、墙顶或基础底端）创建标高。放置标高时，必须处于剖面或立面视图中操作完成。

7. 模型视图

用户在设计和建模过程中经常要使用的视图主要有：二维视图、三维视图、明细表、项目阶段化，项目视图中的可见性和图形显示。

二维视图主要包括平面、立面、剖面和详图索引等。楼层平面视图是新项目的默认视图。大多数项目至少包含一个楼层平面（或屋面），更多的楼层平面在将新标高添加到项目中时自动创建。立面视图也是默认样板的一部分，当用户使用默认样板创建项目时，项目将包含东、西、南、北等四个立面视图。剖面视图是一个可剪切模型，用户可以在平面、剖面、立面和详图视图中绘制剖面视图，也可以创建建筑、墙和详图剖面视图。每种视图类型都有唯一的图形外观，并且每种类型都列在项目浏览器下的不同位置处。

正交三维视图用于显示三维视图中的建筑模型，在正交三维视图中，不管相机距离的远近，所有构件的大小均相同。三维视图也是默认样板的一部分。

明细表以表格形式显示信息，这些信息是从项目中的图元属性中提取的，它只不过是项目的另一种表示或查看方式。明细表可以列出要编制明细表的图元类型的每个实例，或根据明细表的成组标准将多个实例压缩到一行中。用户可以在设计过程中的任何时候创建明细表。如果对项目的修改会影响明细表，明细表将自动更新以反映这些修改。

5.4.2　软件界面

1. 软件界面风格

Revit 使用的是 Ribbon 风格的菜单界面，如图 5-2 所示。点击任何一个标题，屏幕上端就会自动出现一个功能区，展现一系列与本标题相关的功能。

用户可以修改界面，从而更好地支持个人的工作方式。例如，可以将功能区设置为四种显示设置之一，还可以同时显示若干个项目视图，或按层次放置视图以仅看到最上面的视图。

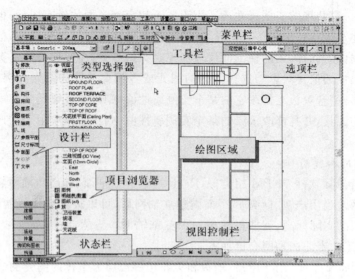

图 5-2　Revit 软件界面

2. 用户界面的几个主要组成部分

应用程序菜单位于程序界面的左上角,单击![icon]可以打开应用程序菜单。该菜单提供对常用文件操作的访问,如"新建"、"打开"和"保存",用户还可以使用更高级的工具(如"导出"和"发布")来管理文件。

快速访问工具栏位于程序界面的最左上方包含一组默认工具。用户可以对该工具栏进行自定义,使其显示用户最常用的工具。

图 5-3　快速访问工具栏

项目浏览器位于程序界面的左侧,是用于导航和管理复杂项目的有效方式。

绘图区域占据程序界面的主要空间,Revit 窗口中的绘图区域显示当前项目的视图(以及图纸和明细表)。每次打开项目中的某一视图时,默认情况下此视图会显示在绘图区域中其他打开的视图的上面。其他视图仍处于打开的状态,但是这些视图在当前视图的下面。使用:"视图"选项卡→"窗口"面板中的工具可排列项目视图,使其适合用户的工作方式。

状态栏沿应用程序窗口底部显示。使用某一工具时,状态栏左侧会提供一些技巧或提示,告诉用户做些什么。高亮显示图元或构件时,状态栏会显示族和类型的名称。

结构柱 : M_混凝土-矩形-柱 : 450 x 600 mm

图 5-4　状态栏

选项栏位于功能区下方。其内容因当前工具或所选图元而异。

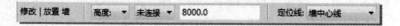

图 5-5　选项栏

　　"属性"选项板是一个无模式对话框,通过该对话框,可以查看和修改用来定义 Revit 中图元属性的参数。第一次启动 Revit 时,"属性"选项板处于打开状态并固定在绘图区域左侧项目浏览器的上方。

5.4.3　Revit 建模案例

　　下面以一个简单的模型来看看结构人员如何使用 Revit 来实现 BIM 工作。

　　1. 创建项目

　　按 Ctrl+N,或者单击 🏃→"新建"→🗒(项目)就可以创建项目。

　　在"最近使用的文件"窗口中的"项目"下,单击"新建"或所需样板的名称也可以创建项目,从样板文件的下拉菜单里面选择"结构样板",单击"确定"即可。

　　2. 保存文件

　　按 Ctrl+S,或者单击 🏃→💾(保存)。在快速访问工具栏上,单击💾(保存)也可以。

　　3. 添加轴网

　　双击项目浏览器中的"标高 1",切换到名为"标高 1"的结构平面。在"结构"选项卡中,单击"基准"面板上的🔘(轴网),使用✏(直线)在绘图区域内单击输入轴网的起点,然后垂直下拉,当轴网达到正确的长度时单击鼠标,输入轴网的终点。然后水平延伸,在屏幕显示"6000"的时候单击,输入第二个周线的起点,再垂直上拉,在与第一个周线对齐处单击,输入第二个轴线的终点。以此类推,可以完成一个 $2*6000$(开间)X$2*8000$(进深)的矩形轴网。

　　Revit 会自动为每个轴网编号。我们可以修改轴网编号,单击轴网编号,输入新编号后按 Enter 键,把水平轴网编号改成以字母作为轴线的值。在"标高 1"平面输入的轴网会自动添加到"标高 2"平面上。

　　4. 标注轴网

　　在"注释"选项卡中单击✏对齐标注,单击轴网 1,然后鼠标向右延伸,单击轴网 2,屏幕上就会出现数值为"6000"的标注显示,把它放置在合适的位置。以此类推,就可以完成轴网标注,如图 5-6 所示。

　　在"标高 1"平面上选中全部尺寸标注,然后单击"剪贴板"面板上的🗐复制到剪贴板,然后单击🗐,从下拉菜单中选择"与选定的视图对齐",就会出现"选择视图"对话框,选中"结构平面:标高 2",单击"确定",就可以把轴网标注复制到"标高 2"平面上。

　　5. 添加标高

　　打开东立面视图,在"结构"选项卡上单击"基准"面板,点击🔺(标高)。

　　将光标放置在绘图区域之内的合适位置,让光标与现有标高线对齐,则光标和该标高线之间会显示一个临时的垂直尺寸标注。当标注调整为"3000"时单击输入标高线的起点,向右延伸至与现有标高线对齐,单击输入标高线的终点,就完成了添加标高,项目浏览器窗口中也会自动创建一个名为"标高 3"的平面。

　　用户可以对标高进行编辑:通过单击其编号以选择该标高,可以改变其名称;在立面视图中选择标高线,单击蓝色尺寸操纵柄,并向左或向右拖曳光标,可以调整标高标注位置;选择标高线,并单击与其相关的尺寸标注值,输入新尺寸标注值,可以升高或降低标高;选择标高并单击标签框,输入新标高标签,可以重新标注标高。

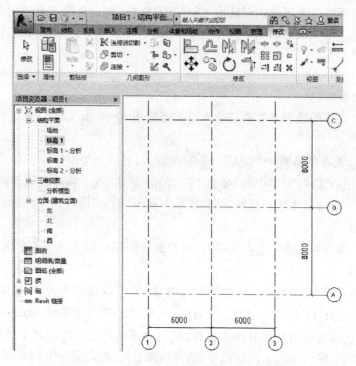

图 5-6　标注轴网

6. 添加结构柱

可以在平面视图和三维视图中添加柱。柱的高度由"底部标高"和"顶部标高"属性及偏移定义。在功能区上,单击 "结构柱"。或者在"结构"选项卡的"结构"面板上单击 "柱"。从"属性"选项板上的"类型选择器"下拉列表中,选择截面为 450 mm×600 mm 的混凝土柱类型。在平面视图中,该视图的标高即为柱的底部标高。"深度"表示从柱的底部向下绘制,单击轴网就可以放置柱。

既可以使用"在轴网处"工具将柱添加到选定的轴网交点,也可以在平面或三维视图中创建结构柱。

可以将垂直柱的当前位置或者斜柱的顶部和底部限制在某个轴网处。这种状态下,当移动轴网时,柱或端点会保持各自在轴网位置的定向。要将垂直柱锁定到轴网,可以在"属性"选项板的"限制条件"部分下,选择"随轴网移动"并单击"应用"。

7. 添加梁

梁是用于承重用途的结构图元。每个梁的图元是通过特定梁族的类型属性定义的。此外,还可以修改各种实例属性来定义梁的功能。

可以将梁附着到项目中的任何结构图元(包括结构墙)上。如果墙的"结构用途"属性设置为"承重"或"复合结构",则梁会连接到结构承重墙上。

要在两点之间绘制梁,执行下列操作:当柱也存在于工作标高上时,可以使用"轴网"工具向选定轴网上添加多个梁。

由于梁捕捉到轴网,因此在创建轴网之后应该添加梁。通过单击"结构"选项卡→"基准"面板→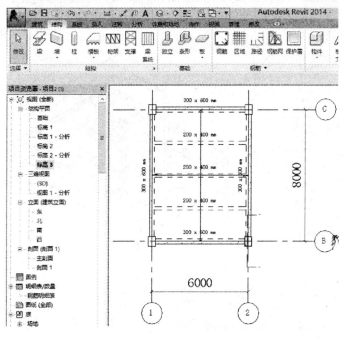"轴网"来添加轴网。

图 5-7　添加结构柱和梁

8. 设置独立基础(图 5-8)

独立基础(基脚)是独立的族,属于结构基础类别的一部分。可以从族库载入几种类型的独立基础,包括具有多个桩、矩形桩和单个桩的桩帽。

单击"结构"选项卡→"基础"面板→"独立基础"。从"属性"选项板上的类型选择器下拉列表中,选择一种独立基础类型。然后将独立基础放置在平面视图或三维视图中。

9. 设置结构楼板(图 5-8)

在平面视图中绘制结构楼板时,一般使用拾取墙或使用"线"工具为楼板边绘制线。

在功能区上,单击 ⌒(结构楼板)。"结构"选项卡→"结构"面板→"楼板"下拉列表→⌒"楼板:结构",然后在类型选择器中,指定结构楼板类型。单击功能区上的 ⎩ 添加边界线后选择 ✔ 完成编辑。

10. 定义荷载工况(图 5-9)

在"结构设置"对话框中编辑和添加"荷载工况"。图 5-9 显示了选中"荷载工况"选项卡的"结构设置"对话框。

可以使用对话框中的第一个表——"荷载工况"的表来添加、编辑或删除荷载工况。可以在"结构设置"对话框中编辑和添加荷载组合。

11. 输入荷载(图 5-10)

以面荷载为例,单击"分析"选项卡→"荷载"面板→ ⊞"荷载"。然后在"属性"选项板上,为"荷载工况"选择 DL1(1),选择"定向到"工作平面。设置 Fz 的荷载值为"-3",负号表示方向沿着 Z 轴向下,选择矩形草图工具并单击楼板的角部,视图中就会出现输入的荷载。

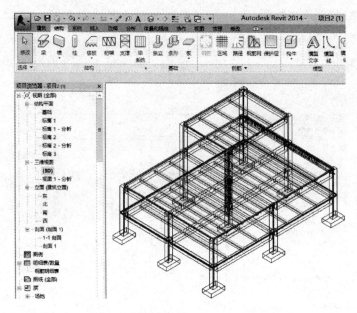

图 5-8　设置独立基础和结构楼板

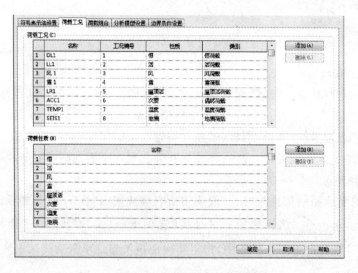

图 5-9　定义荷载工况

12. 边界条件设置

Revit 预设了"固定"、"铰支"、"滑动"和"用户定义"边界条件状态,有四个符号已预载入到结构样板中,基本可以满足结构人员的需要。

先打开三维视图,再单击"分析"选项卡→"边界条件"面板→ "边界条件"。单击"放置边界条件"选项卡→"边界条件"面板中的以下选项之一: 点、 线、 面,在"选项"栏中,从"状态"下拉列表中选择"固定"、"铰支"、"滑动"或"用户"。

在绘图区域中,单击要向其添加边界条件的结构图元。

13. 验证分析模型和自动检查

Revit 设定了结构模型的创建规则:每个结构构件(柱、梁等)都必须具有点支撑;柱必须

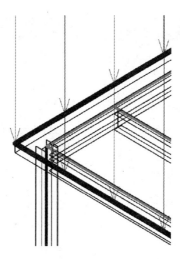

图 5 - 10　输入荷载

至少有一个点支撑；墙必须至少有两个点支撑或一个线支撑；梁必须具备下列支撑条件之一：至少两个点支撑（一个必须位于释放条件设置为固定一端的点支撑），或者一个面支撑。

验证分析模型工具会在设计的早期阶段提供有关结构稳定性的警告。在提交设计进行全面的分析之前，结构人员可以通过这一工具更加深入地了解结构模型。

可以自动执行或根据需要执行检查模型的构件支座和分析模型一致性的操作。选择"分析"选项卡→"工具"面板 ▧。"自动检查"下将显示两个未选中的选项："构件支座"和"分析/物理模型一致性"。

选择"构件支座"选项可以检查支撑功能，Revit 将对所有无支撑的结构图元（不受其他结构图元支撑的结构图元）发出警告。选择"分析/物理模型一致性"选项可以检查分析模型和物理模型之间所有存在的不一致。

14. 碰撞检查

使用"碰撞检查"工具可以找到一组选定图元中或模型所有图元中的交点。该功能被用来协同主要的建筑图元和系统，可以防止冲突，降低建筑变更及成本超限的风险。

常用的工作流程如下：建筑专业与业主会晤，并建立一个基本模型；建筑专业将建筑模型发送到其他专业人员；其他专业的设计人员设计自己的模型版本并将之返回给建筑师，然后由建筑师进行统筹链接并检查冲突；碰撞检查时会生成一个报告，设计小组就冲突进行讨论，然后制订出解决冲突的策略方案。

15. 将钢筋放置到主体中（图 5 - 11）

单击"结构"选项卡→"钢筋"面板→ ▦（钢筋）。在"属性"选项板上方的"类型选择器"中，选择所需的钢筋类型（可以通过单击"修改|放置钢筋"选项卡→"族"面板→ ▧（载入形状）以载入其他钢筋形状）。在选项栏上的"钢筋形状选择器"或"钢筋形状浏览器"中，选择所需的钢筋形状。

在"修改|放置钢筋"选项卡→"放置方向"面板中，单击以下放置方向之一： ▧（平行于工作平面）； ▧（平行于保护层）； ▧（垂直于保护层）。

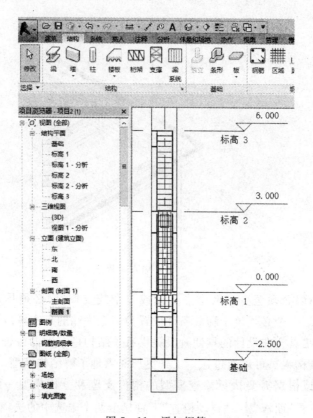

图 5-11　添加钢筋

16. 创建剖面视图（图 5-12）

先打开一个平面、剖面、立面或详图视图。再单击"视图"选项卡→"创建"面板→◑（剖面），将光标放置在剖面的起点处，并拖曳光标穿过模型或族，当到达剖面的终点时单击，这时将出现剖面线和裁剪区域，并且已选中它们，剖面视图就完成了，项目窗口当中会自动创建一个名为"剖面 1"的剖面视图，双击可以查看。

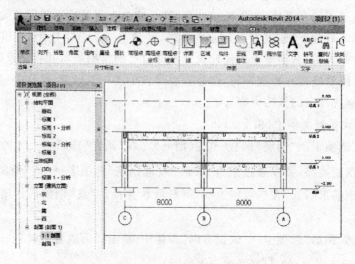

图 5-12　创建剖面视图

17. 创建明细表或数量(图 5-13)

单击"视图"选项卡→"创建"面板→"明细表"下拉列表→  "明细表/数量"。在"新明细表"对话框的"类别"列表中选择一个构件。"名称"文本框中会显示默认名称,可以根据需要修改该名称。选择"建筑构件明细表"。在"明细表属性"对话框中,指定明细表属性,单击"确定"。

在"明细表属性"对话框中为样式添加预定义字段。例如,添加天花板面层、楼层面层和墙面面层。选定类别中的字段或参数可以使用关键字列入明细表。其他项目参数可添加到此类别并列入明细表。

单击"确定"后此时关键字明细表就会打开,单击"修改明细表/数量"选项卡→"行"面板→ (插入数据行),以便在表中添加行。在每一行创建一个新关键字值。例如,如果要创建房间关键字明细表,可以为行政会议室、小会议室、大会议室、行政办公室、标准办公室等创建关键值。填写每个关键字值的相应信息。

图 5-13　创建钢筋明细表

18. 导出明细表

打开明细表视图。单击 →"导出"→"报告"→"明细表"。在"导出明细表"对话框中,指定明细表的名称和目录,并单击"保存"。将出现"导出明细表"对话框。在"明细表外观"下,选择导出选项;在"输出"选项下,指定要显示输出文件中数据的方式。单击"确定"。

可将明细表导出为一个分隔符文本文件,可在许多电子表格程序中打开,也可以将其导出为 CAD 格式,添加到图纸中。

19. 导出 DWG 或 DXF 图纸

Revit 可以导出为以下文件格式:DWG 格式(AutoCAD® 支持的格式);DXF 格式(描述二维图形的文本文件);SAT 格式(多数 CAD 应用程序支持的实体建模文件);DGN 格式(MicroStation 支持的文件格式)等。

对于所有这些格式,都可以使用某种标准载入图层设置。目前 Revit 支持的标准有:美国建筑师学会（AIA）；ISO 标准 13567；新加坡标准 83；英国标准 1192 等。

可以单击![icon]→"导出"→"CAD 格式"→![icon]（DWG）或![icon]（DXF）。在"DWG（或 DXF）导出"对话框中，"选择导出设置"的下拉列表中选择一个设置，如果没有，则可以单击![icon]（修改导出设置）进行新建、复制、删除等操作。

在"DWG（或 DXF）导出"对话框中，勾选要导出的视图和图纸，单击"下一步"。在"导出 CAD 格式"对话框中，定位到要放置导出文件的目标文件夹。在"文件类型"下，为导出的 DXF 文件选择 AutoCAD 版本，并在"命名"下，选择一个选项，用于自动生成文件名。单击"确定"就能按照定义好的设置生成 DWG 图纸。

以上简介了如何使用 Revit 来自主地实现结构人员在 BIM 项目中的参与。当然结构设计者也可以把建好的模型直接导出到诸如 PKPM，MIDAS，STAAD 等结构专业分析软件中，经过计算和后处理后，再把最终结果返回到 Revit 模型中，模型将接受计算软件的结果，并实现截面、配筋、明细表等图纸的自动更新，其结果可以很方便地用到采购、施工和运维各个阶段。

目前结构计算常用的各类软件与 Revit 的接口正在陆续打通，对于常见的结构类型都将能实现互倒。但是对于类似于筒仓、烟囱、设备基础等特种结构，结构人员可以通过三维建模，计算后手动添加配筋的方式参与 BIM 工作，也能实现方便、快捷地出图。

参 考 文 献

[1] 中华人民共和国建设部.《建筑结构制图规范》[S],GB/T 50105－2001. 北京:中国计划出版社,2002

[2] 叶献国,徐秀丽. 建筑结构 CAD 应用基础[M]. 北京:中国建筑工业出版社,2008.

[3] 中国建筑科学研究院 PKPMCAD 工程部.PMCAD－结构平面计算机辅助设计软件用户手册及技术条件. 北京:中国建筑科学研究院,2010.

[4] 中国建筑科学研究院 PKPMCAD 工程部.PK－钢筋混凝土框排架及连续梁结构计算与施工图绘制软件用户手册及技术条件. 北京:中国建筑科学研究院,2010.

[5] 中国建筑科学研究院 PKPMCAD 工程部.TAT－多高层建筑结构三维分析与设计软件用户手册及技术条件. 北京:中国建筑科学研究院,2010.

[6] 中国建筑科学研究院 PKPMCAD 工程部.SATWE－多高层建筑结构空间有限元分析与设计软件用户手册及技术条件. 北京:中国建筑科学研究院,2010.

[7] 中国建筑科学研究院 PKPMCAD 工程部.JLQ－剪力墙 CAD 软件用户手册及技术条件. 北京:中国建筑科学研究院,2010.

[8] 中国建筑科学研究院 PKPMCAD 工程部.LTCAD—普通楼梯及异形楼梯 CAD 软件用户手册及技术条件. 北京:中国建筑科学研究院,2010.

[9] 中国建筑科学研究院 PKPMCAD 工程部.JCCAD－独基、条基、钢筋混凝土地基梁、桩基础和筏板基础设计软件用户手册及技术条件. 北京:中国建筑科学研究院,2010.

[10] 中国建筑科学研究院 PKPMCAD 工程部. 新规范结构设计软件 SATWE、TAT、PMSAP 应用指南. 北京:中国建筑科学研究院,2004.

[11] 张宇鑫,刘海成,张星源.PKPM 结构设计应用[M]. 上海:同济大学出版社,2006.

[12] 王小红,罗建阳. 建筑结构 CAD——PKPM 软件应用[M]. 北京:中国建筑工业出版社,2004.

[13] 中华人民共和国建设部.GB50010－2010 混凝土结构设计规范[S]. 北京:中国建筑工业出版社,2010.

[14] 中华人民共和国建设部.GB50011－2010 建筑抗震设计规范[S]. 北京:中国建筑工业出版社,2010.

[15] 中华人民共和国建设部.JGJ3－2010 高层建筑混凝土结构设计规程[S]. 北京:中国建筑工业出版社,2010.

[16] 欧新新,崔钦淑. 建筑结构设计与 PKPM 系列程序应用[M]. 北京:机械工业出版社,2005.

[17] 中华人民共和国建设部.11G101－1 混凝土结构施工图平面整体表示方法制图规则和构造详图[S]. 北京:中国建筑标准设计研究院,2011.

[18] 北京盈建科软件有限责任公司.YJK 建筑结构设计软件模型及荷载输入用户手册. 北京:北京盈建科软件有限责任公司,2013(3).

[19] 北京盈建科软件有限责任公司. 结构计算软件 YJK－A 用户手册及技术条件. 北京:

北京盈建科软件有限责任公司,2013(3).

[20] 北京盈建科软件有限责任公司.YJK－D 施工图设计软件用户手册及技术条件.北京:北京盈建科软件有限责任公司,2013(4).

[21] 北京迈达斯技术有限公司.Midas Building 结构大师操作手册.2009.

[22] 北京迈达斯技术有限公司.Midas Building 基础大师操作手册.2009.

[23] 北京迈达斯技术有限公司.Midas Building 绘图师操作手册.2009.

[24] 北京迈达斯技术有限公司.Midas Building 建模师操作手册.2009.

[25] 北京迈达斯技术有限公司.Midas Building 从入门到精通—结构大师篇[M].北京:中国建筑工业出版社,2011.

[26] 刘占省.BIM 技术在我国的研发及工程应用[J].建筑技术,2013,44(10):893-896.

[27] 张建平.基于 IFC 标准和工程信息模型的建筑施工 4D 管理系统[J].工程力学,2005,22(6):221-227.

[28] 何清华.BIM 在国内外应用的现状及障碍研究[J].工程管理学报,2012,26(1):12-16.

[29] 何关培,李刚.那个叫 BIM 的东西究竟是什么[M].北京:中国建工出版社,2011.

[30] 何关培.BIM 总论[M].北京:中国建工出版社,2011.

[31] NNational Institute of Building Sciences. United States National Building Information Modeling Standard [S]. 2012.

[32] 美国建筑科学研究院下属机构 building SMART 联盟网站[EB/OL].http://www.nibs.org/.

[33] 欧特克软件(中国)有限公司网站 http://www.autodesk.com/revitarchitecture－features—chs.

[34] 张连营.BIM 技术的应用障碍及对策分析[J].土木工程与管理学报,2013,30(9):65-69.

[35] 住房和城乡建设部.2011－2015 年建筑业信息发展纲要[R].北京:住房和城乡建设部,2011.

[36] 中国勘察设计协会,欧特克软件(中国)有限公司.Autodesk BIM 实施计划——实用的 BIM 实施框架[M].北京:中国建工出版社,2010.